300 Cases of Python Programming

Quickly Build Executable High Quality Code

Python编程300例

快速构建可执行高质量代码

李永华◎编著

Li Yonghua

清華大学出版社

北京

内 容 简 介

本书通过300个实例，为读者提供较为详细的练习题目，以便读者举一反三，深度学习。本书实例涉及的算法包括搜索、回溯、递归、排序、迭代、贪心、分治和动态规划等；涉及的数据结构包括字符串、数组、指针、区间、队列、矩阵、堆栈、链表、哈希表、线段树、二叉树、二叉搜索树和图结构等。书中所有实例均以描述问题、问题示例、代码实现及运行结果的形式来编排。

本书语言简洁，通俗易懂，适合作为 Python 编程人员的入门参考书。

图书在版编目(CIP)数据

Python 编程 300 例：快速构建可执行高质量代码/李永华编著.—北京：清华大学出版社，2020.5
(2022.1重印)
(清华开发者书库)
ISBN 978-7-302-54717-4

Ⅰ.①P…　Ⅱ.①李…　Ⅲ.①软件工具－程序设计　Ⅳ.①TP311.561

中国版本图书馆 CIP 数据核字(2019)第 299103 号

策划编辑：盛东亮
责任编辑：钟志芳
封面设计：李召霞
责任校对：李建庄
责任印制：宋　林

出版发行：清华大学出版社
　　　　网　　　址：http://www.tup.com.cn，http://www.wqbook.com
　　　　地　　　址：北京清华大学学研大厦 A 座　　　　　　　邮　　编：100084
　　　　社 总 机：010-62770175　　　　　　　　　　　　　　邮　　购：010-83470235
　　　　投稿与读者服务：010-62776969，c-service@tup.tsinghua.edu.cn
　　　　质量反馈：010-62772015，zhiliang@tup.tsinghua.edu.cn
　　　　课件下载：http://www.tup.com.cn，010-83470236
印 装 者：天津鑫丰华印务有限公司
经　　　销：全国新华书店
开　　本：186mm×240mm　　　　印　张：20.75　　　　字　数：466 千字
版　　次：2020 年 6 月第 1 版　　　　　　　　　　　　印　次：2022 年 1 月第 5 次印刷
印　　数：6501～8500
定　　价：89.00 元

产品编号：085779-01

前言
PREFACE

Python 语言是广泛使用的计算机程序设计语言,是高等院校相关专业重要的专业基础课程。由于 Python 语言具有功能丰富、表达能力强、使用灵活方便、应用面广、目标程序效率高、可移植性好等诸多特点,20 世纪 90 年代以来,Python 语言迅速在全世界普及推广。目前,Python 仍然是全世界最优秀的程序设计语言之一。

本书是作者为适应当前教育教学改革的创新要求,更好地践行语言类课程,满足实践教学与创新能力培养的需要,组织编写的教材。本书融合了同类教材的优点,采取创新方式,精选了 300 个趣味性、实用性强的应用实例,从不同难度、不同算法、不同类型和不同数据结构等方面,将实际算法进行总结,希望为 Python 编程人员抛砖引玉。

本书的主要内容和素材来自网络上流行的各大互联网公司的面试算法、LintCode、LeetCode、九章算法和作者所在学校近几年承担的科研项目成果。作者所指导的研究生,在研究过程中对学习和应用的算法进行了总结,通过人工智能科研项目的实施,完成了整个科研项目,不仅学到了知识,提高了能力,而且为本书提供了第一手素材和相关资料。

本书内容由总到分,先思考后实践,算法描述与代码实现相结合,可以作为从事网络开发、机器学习和算法实现的专业技术人员主要的技术参考书,也可以作为大学信息与通信工程及相关领域的 Python 算法实现的本科生教材,还可作为程序员算法提高的使用手册,同时可以为人工智能算法分析、算法设计、算法实现提供帮助。

本书的编写得到了教育部电子信息类专业教学指导委员会、信息工程专业国家第一类和第二类特色专业建设项目、教育部 CDIO 工程教育模式研究与实践项目、教育部本科教学工程项目、信息工程专业北京市特色专业建设、北京市教育教学改革项目、北京邮电大学创新创业教育精品课程项目的大力支持,在此表示感谢!

由于作者经验与水平有限,书中疏漏及不妥之处在所难免,衷心地希望各位读者多提宝贵意见及具体的修改建议,以便作者进一步修改和完善。

李永华

2020 年 2 月于北京邮电大学

目 录
CONTENTS

第 1 章

入门 100 例

▶例 1 反转一个 3 位整数

1. 问题描述

反转一个只有 3 位数的整数。

2. 问题示例

输入 number = 123，输出 321；输入 number = 900，输出 9。

3. 代码实现

```
class Solution:
    # 参数 number: 一个 3 位整数
    # 返回值: 反转后的数字
    def reverseInteger(self, number):
        h = int(number/100)
        t = int(number % 100/10)
        z = int(number % 10)
        return(100 * z + 10 * t + h)
# 主函数
if __name__ == '__main__':
    solution = Solution()
    num = 123
    ans = solution.reverseInteger(num)
    print("输入:", num)
    print("输出:", ans)
```

4. 运行结果

输入: 123
输出: 321

▶例 2　合并排序数组

1. 问题描述

合并两个升序的整数数组 A 和 B,形成一个新的数组,新数组也要有序。

2. 问题示例

输入 A = [1],B = [1],输出[1,1],返回合并后的数组。输入 A = [1,2,3,4],B = [2,4,5,6],输出[1,2,2,3,4,4,5,6],返回合并所有元素后的数组。

3. 代码实现

```python
class Solution:
    #参数 A: 有序整数数组 A
    #参数 B: 有序整数数组 B
    #返回:一个新的有序整数数组
    def mergeSortedArray(self, A, B):
        i, j = 0, 0
        C = []
        while i < len(A) and j < len(B):
            if A[i] < B[j]:
                C.append(A[i])
                i += 1
            else:
                C.append(B[j])
                j += 1
        while i < len(A):
            C.append(A[i])
            i += 1
        while j < len(B):
            C.append(B[j])
            j += 1
        return C
#主函数
if __name__ == '__main__':
    A = [1,4]
    B = [1,2,3]
    D = [1,2,3,4]
    E = [2,4,5,6]
    solution = Solution()
    print("输入:", A, " ", B)
    print("输出:", solution.mergeSortedArray(A,B))
    print("输入:", D, " ", E)
    print("输出:", solution.mergeSortedArray(D,E))
```

4. 运行结果

输入: [1, 4]　[1, 2, 3]

输出：[1, 1, 2, 3, 4]

输入：[1, 2, 3, 4]　[2, 4, 5, 6]

输出：[1, 2, 2, 3, 4, 4, 5, 6]

▶例3 旋转字符串

1. 问题描述

给定一个字符串（以字符数组的形式）和一个偏移量，根据偏移量原地从左向右旋转字符串。

2. 问题示例

输入 str="abcdefg"，offset = 3，输出"efgabcd"。输入 str="abcdefg"，offset = 0，输出"abcdefg"。输入 str="abcdefg"，offset = 1，输出"gabcdef"，返回旋转后的字符串。输入 str="abcdefg"，offset =2，输出"fgabcde"，返回旋转后的字符串。

3. 代码实现

```python
class Solution:
    # 参数 s:字符列表
    # 参数 offset:整数
    # 返回值:无
    def rotateString(self, s, offset):
        if len(s) > 0:
            offset = offset % len(s)
        temp = (s + s)[len(s) - offset : 2 * len(s) - offset]
        for i in range(len(temp)):
            s[i] = temp[i]
# 主函数
if __name__ == '__main__':
    s = ["a","b","c","d","e","f","g"]
    offset = 3
    solution = Solution()
    solution.rotateString(s, offset)
    print("输入:s = ", ["a","b","c","d","e","f","g"], " ", "offset = ",offset)
    print("输出:s = ", s)
```

4. 运行结果

输入：s = ['a', 'b', 'c', 'd', 'e', 'f', 'g']　offset = 3

输出：s = ['e', 'f', 'g', 'a', 'b', 'c', 'd']

▶例4 相对排名

1. 问题描述

根据 N 名运动员得分，找到相对等级和获得最高分前 3 名的人，分别获得金牌、银牌和铜牌。N 是正整数,并且不超过 10 000。所有运动员的成绩都保证是独一无二的。

2. 问题示例

输入[5，4，3，2，1],输出["Gold Medal"，"Silver Medal"，"Bronze Medal"，"4"，"5"],前 3 名运动员得分较高,根据得分依次获得金牌、银牌和铜牌。对于后两名运动员,根据分数输出相对等级。

3. 代码实现

```
class Solution:
    #参数 nums: 整数列表
    #返回列表
    def findRelativeRanks(self, nums):
        score = {}
        for i in range(len(nums)):
            score[nums[i]] = i
        sortedScore = sorted(nums, reverse = True)
        answer = [0] * len(nums)
        for i in range(len(sortedScore)):
            res = str(i + 1)
            if i == 0:
                res = 'Gold Medal'
            if i == 1:
                res = 'Silver Medal'
            if i == 2:
                res = 'Bronze Medal'
            answer[score[sortedScore[i]]] = res
        return answer
#主函数
if __name__ == '__main__':
    num = [5,4,3,2,1]
    s = Solution()
    print("输入:",num)
    print("输出:",s.findRelativeRanks(num))
```

4. 运行结果

输入: [5, 4, 3, 2, 1]
输出: ['Gold Medal', 'Silver Medal', 'Bronze Medal', '4', '5']

▶ 例 5　二分查找

1. 问题描述

给定一个排序的整数数组(升序)和一个要查找的目标整数 target,查找到 target 第 1 次出现的下标(从 0 开始),如果 target 不存在于数组中,返回−1。

2. 问题示例

输入数组[1,4,4,5,7,7,8,9,9,10]和目标整数 1,输出其所在的位置为 0,即第 1 次出现在第 0 个位置。输入数组[1，2，3，3，4，5，10]和目标整数 3,输出 2,即第 1 次出现在第 2 个位置。输入数组[1，2，3，3，4，5，10]和目标整数 6,输出−1,即没有出现过 6,返回−1。

3. 代码实现

```
class Solution:
    ♯参数 nums: 整数数组
    ♯参数 target: 要查找的目标数字
    ♯返回值: 目标数字的第 1 个位置,从 0 开始
    def binarySearch(self, nums, target):
        return self.search(nums, 0, len(nums) − 1, target)
    def search(self, nums, start, end, target):
        if start > end:
            return −1
        mid = (start + end)//2
        if nums[mid] > target:
            return self.search(nums, start, mid, target)
        if nums[mid] == target:
            return mid
        if nums[mid] < target:
            return self.search(nums, mid, end, target)
♯主函数
if __name__ == '__main__':
    my_solution = Solution()
    nums = [1,2,3,4,5,6]
    target = 3
    targetIndex = my_solution.binarySearch(nums, target)
    print("输入:nums = ", nums, " ", "target = ",target)
    print("输出:",targetIndex)
```

4. 运行结果

```
输入: nums = [1, 2, 3, 4, 5, 6]  target = 3
输出: 2
```

▶例6　下一个更大的数

1. 问题描述

两个不重复的数组 nums1 和 nums2,其中 nums1 是 nums2 的子集。在 nums2 的相应位置找到 nums1 所有元素的下一个更大数字。

nums1 中的数字 x 的下一个更大数字是 nums2 中 x 右边第 1 个更大的数字。如果它

不存在,则为此数字输出 −1。nums1 和 nums2 中的所有数字都是唯一的,nums1 和 nums2 的长度不超过 1000。

2. 问题示例

输入 nums1 = [4,1,2],nums2 = [1,3,4,2],输出[−1,3,−1]。对于第 1 个数组中的数字 4,在第 2 个数组中找不到下一个更大的数字,因此输出−1;对于第 1 个数组中的数字 1,第 2 个数组中的下一个更大数字是 3;对于第 1 个数组中的数字 2,第 2 个数组中没有下一个更大的数字,因此输出−1。

3. 代码实现

```python
class Solution:
    #参数 nums1: 整数数组
    #参数 nums2: 整数数组
    #返回整数数组
    def nextGreaterElement(self, nums1, nums2):
        answer = {}
        stack = []
        for x in nums2:
            while stack and stack[-1] < x:
                answer[stack[-1]] = x
                del stack[-1]
            stack.append(x)
        for x in stack:
            answer[x] = -1
        return [answer[x] for x in nums1]
#主函数
if __name__ == '__main__':
    s = Solution()
    nums1 = [4,1,2]
    nums2 = [1,3,4,2]
    print("输入 1:",nums1)
    print("输入 2:",nums2)
    print("输出 :",s.nextGreaterElement(nums1,nums2))
```

4. 运行结果

```
输入 1:[4, 1, 2]
输入 2:[1, 3, 4, 2]
输出:[-1, 3, -1]
```

▶ 例 7 字符串中的单词数

1. 问题描述

计算字符串中的单词数,其中一个单词定义为不含空格的连续字符串。

2．问题示例

输入"Hello，my name is John"，输出 5。

3．代码实现

```
class Solution:
    ♯参数 s: 字符串
    ♯返回整数
    def countSegments(self, s):
        res = 0
        for i in range(len(s)):
            if s[i] != ' ' and (i == 0 or s[i - 1] == ' '):
                res += 1
        return res
♯主函数
if __name__ == '__main__':
    s = Solution()
    n = "Hello, my name is John"
    print("输入:",n)
    print("输出:",s.countSegments(n))
```

4．运行结果

```
输入: Hello, my name is John
输出: 5
```

▶例8 勒索信

1．问题描述

给定一个表示勒索信内容的字符串和另一个表示杂志内容字符串,写一个方法判断能否通过剪下杂志中的内容构造出这封勒索信,若可以,返回 True,否则返回 False。注：杂志字符串中的每一个字符仅能在勒索信中使用一次。

2．问题示例

输入 ransomNote = "aa",magazine = "aab",输出 True,勒索信的内容可以从杂志内容剪辑而来。

3．代码实现

```
class Solution:
    """
    参数 ransomNote: 字符串
    参数 magazine: 字符串
    返回布尔类型
    """
    def canConstruct(self, ransomNote, magazine):
```

```
        arr = [0] * 26
        for c in magazine:
            arr[ord(c) - ord('a')] += 1
        for c in ransomNote:
            arr[ord(c) - ord('a')] -= 1
            if arr[ord(c) - ord('a')] < 0:
                return False
        return True
# 主函数
if __name__ == '__main__':
    s = Solution()
    ransomNote = "aa"
    magazine = "aab"
    print("输入勒索信:",ransomNote)
    print("输入杂志内容:",magazine)
    print("输出:",s.canConstruct(ransomNote,magazine))
```

4. 运行结果

```
输入勒索信: aa
输入杂志内容: aab
输出: True
```

▶例 9 不重复的两个数

1. 问题描述

给定一个数组 a[],其中除了 2 个数,其他均出现 2 次,请找到不重复的 2 个数并返回。

2. 问题示例

给出 a = [1,2,5,5,6,6],返回 [1,2],除 1 和 2 外其他数都出现了 2 次,因此返回 [1,2]。给出 a = [3,2,7,5,5,7],返回 [2,3],除了 2 和 3 其他数都出现了 2 次,因此返回 [2,3]。

3. 代码实现

```
# 参数 arr: 输入的待查数组
# 返回值: 内容没有重复的两个值的列表
class Solution:
    def theTwoNumbers(self, a):
        ans = [0, 0]
        for i in a:
            ans[0] = ans[0] ^ i
        c = 1
        while c & ans[0] != c:
            c = c << 1
        for i in a:
```

```
                if i & c == c:
                    ans[1] = ans[1] ^ i
            ans[0] = ans[0] ^ ans[1]
            return ans
if __name__ == '__main__':
    arr = [1, 2, 5, 1]
    solution = Solution()
    print("数组:", arr)
    print("两个没有重复的数字:", solution.theTwoNumbers(arr))
```

4. 运行结果

```
数组: [1, 2, 5, 1]
两个没有重复的数字是: [2, 5]
```

▶例10　双胞胎字符串

1. 问题描述

给定两个字符串 s 和 t,每次可以任意交换 s 的奇数位或偶数位上的字符,即奇数位上的字符能与其他奇数位的字符互换,偶数位上的字符也能与其他偶数位的字符互换,问能否经过若干次交换,使 s 变成 t。

2. 问题示例

输入为 s = "abcd",t = "cdab",输出是"Yes",第 1 次 a 与 c 交换,第 2 次 b 与 d 交换。输入 s = "abcd",t = "bcda",输出是"No",无论如何交换,都无法得到 bcda。

3. 代码实现

```
# 参数 s 和 t: 一对字符串
# 返回值: 字符串,表示能否根据规则转换
class Solution:
    def isTwin(self, s, t):
        if len(s) != len(t):
            return "No"
        oddS = []
        evenS = []
        oddT = []
        evenT = []
        for i in range(len(s)):
            if i & 1:
                oddS.append(s[i])
                oddT.append(t[i])
            else:
                evenS.append(s[i])
                evenT.append(t[i])
```

```
            oddS.sort()
            oddT.sort()
            evenS.sort()
            evenT.sort()
            for i in range(len(oddS)) :
                if oddS[i] != oddT[i]:
                    return "No"
            for i in range (len(evenS)) :
                if evenS[i] != evenT[i]:
                    return "No"
            return "Yes"
if __name__ == '__main__':
    s = "abcd"
    t = "cdab"
    solution = Solution()
    print("s 与 t 分别为:", s, t)
    print("是否为双胞胎:", solution.isTwin(s, t))
```

4. 运行结果

```
s 与 t 分别为: abcd cdab
是否为双胞胎: Yes
```

▶ 例 11　最接近 target 的值

1. 问题描述

给出一个数组,在数组中找到 2 个数,使得它们的和最接近但不超过目标值,返回它们的和。

2. 问题示例

输入 target = 15,array = $[1,3,5,11,7]$,输出 14,11+3=14。输入 target = 16 和 array = $[1,3,5,11,7]$,输出 16,11+5=16。

3. 代码实现

```
#参数 array: 输入列表
#参数 target: 目标值
#返回值是整数
class Solution:
    def closestTargetValue(self, target, array):
        n = len(array)
        if n < 2:
            return -1
        array.sort()
        diff = 0x7fffffff
```

```
            left = 0
            right = n - 1
            while left < right:
                if array[left] + array[right] > target:
                    right -= 1
                else:
                    diff = min(diff, target - array[left] - array[right])
                    left += 1
            if diff == 0x7fffffff:
                return -1
            else:
                return target - diff
if __name__ == '__main__':
    array = [1,3,5,11,7]
    target = 15
    solution = Solution()
    print(" 输入数组:", array,"目标值:", target)
    print(" 最近可以得到值:", solution.closestTargetValue(target, array))
```

4. 运行结果

```
输入数组: [1, 3, 5, 11, 7]    目标值: 15
最近可以得到的值: 14
```

▶ 例 12 点积

1. 问题描述

给出 2 个数组,求它们的点积。

2. 问题示例

输入为 A $= [1,1,1]$ 和 B $= [2,2,2]$,输出为 6,$1 * 2 + 1 * 2 + 1 * 2 = 6$。输入为 A $= [3,2]$ 和 B $= [2,3,3]$,输出为 -1,没有点积。

3. 代码实现

```
# 参数 A 和 B: 输入列表
# 返回值: 整数,是点积
class Solution:
    def dotProduct(self, A, B):
        if len(A) == 0 or len(B) == 0 or len(A) != len(B):
            return -1
        ans = 0
        for i in range(len(A)):
            ans += A[i] * B[i]
        return ans
```

```
if __name__ == '__main__':
    A = [1,1,1]
    B = [2,2,2]
    solution = Solution()
    print(" A 与 B 分别为:", A, B)
    print(" 点积为:", solution.dotProduct(A, B))
```

4. 运行结果

```
A 与 B 分别为: [1, 1, 1] [2, 2, 2]
点积为: 6
```

▶ 例 13   函数运行时间

1. 问题描述

给定一系列描述函数进入和退出的时间,问每个函数的运行时间是多少。

2. 问题示例

输入 $s=$["F1 Enter 10","F2 Enter 18","F2 Exit 19","F1 Exit 20"],则输出["F1|10","F2|1"],即 F1 从 10 时刻进入,20 时刻退出,运行时长为 10,F2 从 18 时刻进入,19 时刻退出,运行时长为 1。

输入 $s=$["F1 Enter 10","F1 Exit 18","F1 Enter 19","F1 Exit 20"],则输出["F1|9"],即 F1 从 10 时刻进入,18 时刻退出;又从 19 时刻进入,20 时刻退出,总运行时长为 9。

3. 代码实现

```
# 参数 s: 输入原始字符串
# 返回值: 字符串,意为对应名字的函数运行时长
class Solution:
    def getRuntime(self, a):
        map = {}
        for i in a:
            count = 0
            while not i[count] == ' ':
                count = count + 1
            fun = i[0 : count]
            if i[count + 2] == 'n':
                count = count + 7
                v = int(i[count:len(i)])
                if fun in map.keys():
                    map[fun] = v - map[fun]
                else:
                    map[fun] = v
            else:
                count = count + 6
```

```
                v = int(i[count:len(i)])
                map[fun] = v - map[fun]
        res = []
        for i in map:
            res.append(i)
        res.sort()
        for i in range(0,len(res)):
            res[i] = res[i] + '|' + str(map[res[i]])
        return res
if __name__ == '__main__':
    s = ["F1 Enter 10","F2 Enter 18","F2 Exit 19","F1 Exit 20"]
    solution = Solution()
    print("输入运行时间:", s)
    print("每个输出时间:", solution.getRuntime(s))
```

4. 运行结果

输入运行时间 : ['F1 Enter 10', 'F2 Enter 18', 'F2 Exit 19', 'F1 Exit 20']
每个输出时间: ['F1|10', 'F2|1']

▶ 例14　查询区间

1. 问题描述

给定一个包含若干个区间的 List 数组,长度是 1000,如[500,1500]、[2100,3100]。给定一个 number,判断 number 是否在这些区间内,返回 True 或 False。

2. 问题示例

输入是 List = [[100,1100],[1000,2000],[5500,6500]]和 number = 6000,输出是 True,因为 6000 在区间[5500,6500]。输入是 List = [[100,1100],[2000,3000]]和 number = 3500,输出是 False,因为 3500 不在 List 的任何一个区间中。

3. 代码实现

```
# 参数 List: 区间列表
# 参数 number: 待查数字
# 返回值: 字符串,True 或者 False
class Solution:
    def isInterval(self, intervalList, number):
        high = len(intervalList) - 1
        low = 0
        while high >= low:
            if 0 < (number - intervalList[(high + low)//2][0]) <= 1000:
                return 'True'
            elif 1000 < number - intervalList[(high + low)//2][0]:
                low = (high + low) // 2 + 1
```

```
                elif 0 > number - intervalList[(high + low)//2][0]:
                    high = (high + low) // 2 - 1
            return 'False'
if __name__ == '__main__':
    number = 6000
    intervalList = [[100,1100],[1000,2000],[5500,6500]]
    solution = Solution()
    print(" 区间 List:", intervalList)
    print(" 数字:", number)
    print(" 是否在区间中:", solution.isInterval(intervalList, number))
```

4. 运行结果

```
区间 List: [[100, 1100], [1000, 2000], [5500, 6500]]
数字: 6000
是否在区间中: True
```

▶ 例 15   飞行棋

1. 问题描述

一维棋盘,起点在棋盘的最左侧,终点在棋盘的最右侧,棋盘上有几个位置和其他位置相连,如果 A 与 B 相连,但连接是单向的,即当棋子落在位置 A 时,可以选择不投骰子,直接移动棋子从 A 到 B,但不能从 B 移动到 A。给定这个棋盘的长度(length)和位置的相连情况(connections),用六面的骰子(点数 1~6),问最少需要投几次才能到达终点。

2. 问题示例

输入 length = 10 和 connections = [[2, 10]],输出为 1,可以 0->2(投骰子),2->10(直接相连)。输入 length = 15 和 connections = [[2, 8],[6, 9]],输出为 2,因为可以 0->6 (投骰子),6->9 (直接相连),9->15(投骰子)。

3. 代码实现

```
# 参数 length: 棋盘长度(不包含起始点)
# 参数 connections: 跳点集合
# 返回值: 整数,代表最小步数
class Solution:
    def modernLudo(self, length, connections):
        ans = [i for i in range(length + 1)]
        for i in range(length + 1):
            for j in range(1, 7):
                if i - j >= 0:
                    ans[i] = min(ans[i], ans[i - j] + 1)
            for j in connections:
                if i == j[1]:
```

```
                ans[i] = min(ans[i], ans[j[0]])
        return ans[length]
#SPFA 解法
class Solution:
    def modernLudo(self, length, connections):
        dist = [1000000000 for i in range(100050)]
        vis = [0 for i in range(100050)]
        Q = [0 for i in range(100050)]
        st = 0
        ed = 0
        dist[1] = 0
        vis[1] = 1
        Q[ed] = 1;
        ed += 1
        while(st < ed):
            u = Q[st]
            st += 1
            vis[u] = 0
            for roads in connections:
                if(roads[0] != u):
                    continue
                v = roads[1]
                if(dist[v] > dist[u]):
                    dist[v] = dist[u]
                    if(vis[v] == 0):
                        vis[v] = 1
                        Q[ed] = v
                        ed += 1
            for i in range(1, 7):
                if (i + u > length):
                    break
                v = i + u
                if(dist[v] > dist[u] + 1):
                    dist[v] = dist[u] + 1
                    if(vis[v] == 0):
                        vis[v] = 1
                        Q[ed] = v
                        ed += 1
        return dist[length]
if __name__ == '__main__':
    length = 15
    connections = [[2, 8],[6, 9]]
    solution = Solution()
    print(" 棋盘长度:", length)
    print(" 连接:", connections)
    print(" 最小需要:", solution.modernLudo(length, connections))
```

4. 运行结果

```
棋盘长度: 15
连接: [[2, 8], [6, 9]]
最小需要: 2
```

▶ 例 16 移动石子

1. 问题描述

在 x 轴上分布着 n 个石子,用 arr 数组表示它们的位置。把这些石子移动到 $1,3,5,7$, $2n-1$ 或者 $2,4,6,8,2n$。也就是说,这些石子移动到从 1 开始连续的奇数位,或从 2 开始连续的偶数位上。返回最少的移动次数。每次只可以移动 1 个石子,只能把石子往左移动 1 个单位或往右移动 1 个单位。同一个位置不能同时有 2 个石子。

2. 问题示例

$[5,4,1]$,只需要把 4 移动 1 步到 3,所以输出是 1。arr $= [1,6,7,8,9]$,最优的移动方案为把 1 移动到 2,把 6 移动到 4,把 7 移动到 6,把 9 移动到 10,所以输出是 5。

3. 代码实现

```python
#参数 arr: 一个列表
#返回值: 整数,为最小移动次数
class Solution:
    def movingStones(self, arr):
        arr = sorted(arr)
        even = 0
        odd = 0
        for i in range(0,len(arr)):
            odd += abs(arr[i] - (2 * i + 1))
            even += abs(arr[i] - (2 * i + 2))
        if odd < even:
            return odd
        return even
if __name__ == '__main__':
    arr = [1, 6, 7, 8, 9]
    solution = Solution()
    print(" 数组:", arr)
    print(" 最小移动数:", solution.movingStones(arr))
```

4. 运行结果

```
数组: [1, 6, 7, 8, 9]
最小移动数: 5
```

▶例17　数组剔除元素后的乘积

1. 问题描述

给定一个整数数组 A。定义 $B[i] = A[0] * \cdots * A[i-1] * A[i+1] * \cdots * A[n-1]$，即 $B[i]$ 为剔除 $A[i]$ 元素之后所有数组元素之积，计算数组 B 的时候请不要使用除法，输出数组 B。

2. 问题示例

输入 $A = [1, 2, 3]$，输出 $[6, 3, 2]$，即 $B[0] = A[1] * A[2] = 6$；$B[1] = A[0] * A[2] = 3$；$B[2] = A[0] * A[1] = 2$。输入 $A = [2, 4, 6]$，输出 $[24, 12, 8]$。

3. 代码实现

```python
class Solution:
    ＃参数 A: 整数数组 A
    ＃返回值: 整数数组 B
    def productExcludeItself(self, A):
        length ,B = len(A) ,[]
        f = [ 0 for i in range(length + 1)]
        f[ length ] = 1
        for i in range(length - 1 , 0 , -1):
            f[ i ] = f[ i + 1 ] * A[ i ]
        tmp = 1
        for i in range(length):
            B.append(tmp * f[ i + 1 ])
            tmp *= A[ i ]
        return B
＃主函数
if __name__ == '__main__':
    solution = Solution()
    A = [1, 2, 3, 4]
    B = solution.productExcludeItself(A)
    print("输入:", A)
    print("输出:", B)
```

4. 运行结果

```
输入: [1, 2, 3, 4]
输出: [24, 12, 8, 6]
```

▶例18　键盘的一行

1. 问题描述

给定一个单词列表,返回可以在键盘(如图 1-1 所示)的一行上使用字母键输入的单词。可以多次使用键盘中的一个字符,输入字符串仅包含字母表的字母。

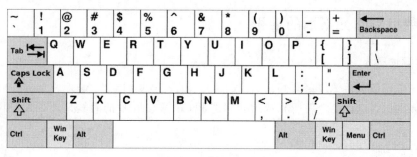

图 1-1　键盘示意图

2. 问题示例

输入 ["Hello"，"Alaska"，"Dad"，"Peace"]，输出 ["Alaska"，"Dad"]，即这两个单词可以在键盘的第 3 行输出。

3. 代码实现

```
class Solution:
    #参数 words: 字符串列表
    #返回字符串列表
    def findWords(self, words):
        res = []
        s = ["qwertyuiop", "asdfghjkl", "zxcvbnm"]
        for w in words:
            for j in range(3):
                flag = 1
                for i in w:
                    if i.lower() not in s[j]:
                        flag = 0
                        break
                if flag == 1:
                    res.append(w)
                    break
        return res
#主函数
if __name__ == '__main__':
    word = ["Hello", "Alaska", "Dad", "Peace"]
    s = Solution()
    print("输入:",word)
    print("输出:",s.findWords(word))
```

4. 运行结果

```
输入: ['Hello', 'Alaska', 'Dad', 'Peace']
输出: ['Alaska', 'Dad']
```

▶ 例 19 第 n 个数位

1. 问题描述

找出无限正整数数列 $1, 2, \cdots$ 中的第 n 个数位。

2. 问题示例

输入 11，输出 0，表示数字序列 $1, 2, \cdots$ 中的第 11 位是 0。

3. 代码实现

```python
class Solution:
    """
    参数 n: 整数
    返回整数
    """
    def findNthDigit(self, n):
        # 初始化一位数的个数为 9，从 1 开始
        length = 1
        count = 9
        start = 1
        while n > length * count:
            # 以此类推，二位数的个数为 90，从 10 开始
            n -= length * count
            length += 1
            count *= 10
            start *= 10
        # 找到第 n 位数所在的整数 start
        start += (n - 1) // length
        return int(str(start)[(n - 1) % length])
# 主函数
if __name__ == '__main__':
    s = Solution()
    n = 11
    print("输入:", n)
    print("输出:", s.findNthDigit(n))
```

4. 运行结果

输入: 11
输出: 0

▶ 例 20 找不同

1. 问题描述

给定两个只包含小写字母的字符串 s 和 t。字符串 t 由随机打乱字符顺序的字符串 s

在随机位置添加一个字符生成。找出在 t 中添加的字符。

2. 问题示例

例如,输入 s = "abcd",t = "abcde",输出 e,e 是加入的字符。

3. 代码实现

```
class Solution:
    """
    参数 s: 字符串
    参数 t: 字符串
    返回字符
    """
    def findTheDifference(self, s, t):
        flag = 0
        for i in range(len(s)):
            # 计算不同字符的 ASCII 码之差
            flag += (ord(t[i]) - ord(s[i]))
        flag += ord(t[-1])
        return chr(flag)
# 主函数
if __name__ == '__main__':
    s = Solution()
    n =  "abcd"
    t = "abcde"
    print("输入字符串 1:",n)
    print("输入字符串 2:",t)
    print("输出插入字符:",s.findTheDifference(n,t))
```

4. 运行结果

```
输入字符串 1: abcd
输入字符串 2: abcde
输出插入字符: e
```

▶ 例 21 第 k 个组合

1. 问题描述

有 n 个人,编号分别为 $1, 2, \cdots, n, n$ 为偶数。选择其中的一半人,有 $C(n, n/2)$ 种组合方式,每一种组合方式按照编号从小到大排序,再将已排序的组合方式按照字典序排序,求第 k 种组合方式。

字典序的定义:首先比较两个字符串的长度,长度小的字典序更小,如果长度相同,则从字符串左边开始逐位比较,找到第一位不同的字符,对应字符小的字符串,字典序更小。

2. 问题示例

给出 $n = 2, k = 1$,返回[1],所有组合方式按照字典序排序:[1],[2]。给出 $n = 4$,

$k = 2$,返回$[1,3]$,所有组合方式按照字典序排序$[1,2]$, $[1,3]$, $[1,4]$, $[2,3]$, $[2,4]$, $[3,4]$。

3. 代码实现

```python
# 参数 k: 寻找的组数
# 参数 n: 有多少人
# 返回值: 列表,是目标数组里的按序排列
class Solution:
    def getCombination(self, n, k):
        C = [[0] * (n + 1) for _ in range(n + 1)]
        for i in range(n + 1):
            C[i][0] = 1
            C[i][i] = 1
        for i in range(1, n + 1):
            for j in range(1, i):
                C[i][j] = C[i - 1][j - 1] + C[i - 1][j]
        ans = []
        curr_index = 1
        for i in range(1, n // 2 + 1):
            base = C[n - curr_index][n // 2 - i]
            while k > base:
                curr_index = curr_index + 1
                base = base + C[n - curr_index][n // 2 - i]
            base = base - C[n - curr_index][n // 2 - i]
            k = k - base;
            ans.append(curr_index)
            curr_index = curr_index + 1
        return ans
if __name__ == '__main__':
    n = 8
    k = 11
    solution = Solution()
    print(" 人数:", n, " 找第 k 组:", k)
    print(" 第 k 组:", solution.getCombination(n, k))
```

4. 运行结果

```
人数: 8  找第 k 组: 11
第 k 组: [1, 2, 5, 7]
```

例 22 平面列表

1. 问题描述

给定一个列表,该列表中有的元素是列表,有的元素是整数。将其变成只包含整数的简单列表。

2. 问题示例

输入[[1,1],2,[1,1]],输出[1,1,2,1,1]; 输入[1,2,[1,2]],输出[1,2,1,2]; 输入[4,[3,[2,[1]]]],输出[4,3,2,1],即将输入列表变成只包含整数的简单列表。

3. 代码实现

```
class Solution(object):
    #参数 nestedList: 一个列表,列表中的每个元素都可以是一个列表或整数
    #返回值: 一个整数列表
    def flatten(self, nestedList):
        stack = [nestedList]
        flatten_list = []
        while stack:
            top = stack.pop()
            if isinstance(top, list):
                for elem in reversed(top):
                    stack.append(elem)
            else:
                flatten_list.append(top)

        return flatten_list
#主函数
if __name__ == '__main__':
    solution = Solution()
    nums = [[1,2],2,[1,1,3]]
    flatten_list = solution.flatten(nums)
    print("输入:", nums)
    print("输出:", flatten_list)
```

4. 运行结果

```
输入: [[1, 2], 2, [1, 1, 3]]
输出: [1, 2, 2, 1, 1, 3]
```

▶ 例 23 子域名访问计数

1. 问题描述

诸如 school.bupt.edu 这样的域名由各种子域名构成。最顶层是 edu,下一层是 bupt.edu,最底层是 school.bupt.edu。当访问 school.bupt.edu 时,会隐式访问子域名 bupt.edu 和 edu。给出域名的访问计数格式为"计数 地址",给出计数列表,返回每个子域名(包含父域名)的访问次数(与输入格式相同,顺序随机)。

2. 问题示例

例如,输入["9001 school.bupt.edu"],输出["9001 school.bupt.edu", "9001 bupt.edu", "9001 edu"],只有一个域名:"school.bupt.edu"。如题所述,子域名"bupt.edu"和

"edu"也会被访问,所以需要访问 9001 次。

3. 代码实现

```
class Solution:
    # 利用 hash 表,对子域名计数.注意对字符串的划分
    def subdomainVisits(self, cpdomains):
        count = {}
        for domain in cpdomains:
            visits = int(domain.split()[0])
            domain_segments = domain.split()[1].split('.')
            top_level_domain = domain_segments[-1]
            sec_level_domain = domain_segments[-2] + '.' + domain_segments[-1]
            count[top_level_domain] = count[top_level_domain] + visits if top_level_
domain in count.keys() else visits
            count[sec_level_domain] = count[sec_level_domain] + visits if sec_level_
domain in count.keys() else visits
            if domain.count('.') == 2:
                count[domain.split()[1]] = count[domain.split()[1]] + visits if domain
.split()[1] in count.keys() else visits
        return [str(v) + '' + k for k,v in count.items()]
if __name__ == '__main__':
    solution = Solution()
    inputnum = ["1201 school.bupt.edu"]
    print("输入:",inputnum)
    print("输入:",solution.subdomainVisits(inputnum))
```

4. 运行结果

```
输入: ['1201 school.bupt.edu']
输入: ['1201 edu', '1201 bupt.edu', '1201 school.bupt.edu']
```

▶ 例 24 最长 AB 子串

1. 问题描述

给出一个只由字母 A 和 B 组成的字符串 S,找一个最长的子串,要求这个子串里面 A 与 B 的数目相等,输出该子串的长度。

2. 问题示例

输入 S = "ABAAABBBA",输出 8,因为子串 S[0,7]和子串 S[1,8]满足条件,长度为 8。输入 S = "AAAAAA",输出 0,因为 S 中除了空字符串,不存在 A 和 B 数目相等的子串。

3. 代码实现

```
# 参数 S: 待查字符串
# 返回值: 整数,是最大字符串长度
class Solution:
```

```python
    def getAns(self, S):
        ans = 0
        arr = [0 for i in range(len(S))]
        sets = {}
        if S[0] == 'A':
            arr[0] = 1
            sets[1] = 0
        else:
            arr[0] = -1
            sets[-1] = 0
        for i in range(1, len(S)):
            if S[i] == 'A':
                arr[i] = arr[i - 1] + 1
                if arr[i] == 0:
                    ans = i + 1
                    continue
                if arr[i] in sets:
                    ans = max(ans, i - sets[arr[i]])
                else:
                    sets[arr[i]] = i
            else:
                arr[i] = arr[i - 1] - 1
                if arr[i] == 0:
                    ans = i + 1
                    continue
                if arr[i] in sets:
                    ans = max(ans, i - sets[arr[i]])
                else:
                    sets[arr[i]] = i
        return ans
if __name__ == '__main__':
    S = "ABABAB"
    solution = Solution()
    print("AB 字符串:", S)
    print("最长 AB 出现次数相同的子字符串长度:", solution.getAns(S))
```

4. 运行结果

AB 字符串: ABABAB
最长 AB 出现次数相同的子字符串长度: 6

▶例 25 删除字符

1. 问题描述

输入两个字符串 s 和 t,判断 s 能否在删除一些字符后得到 t。

2. 问题示例

输入 s＝"abc",t＝"c",输出 True,s 删除 a 和 b 可以得到 t。输入 s＝"a",t＝"c",输出 False,s 无法在删除一些字符后得到 t。

3. 代码实现

```
# 参数 s: 待删除字符的原字符串
# 参数 t: 目标字符串
# 返回值: 布尔值,意为能否由 s 删除一些字符得到 t
class Solution:
    def canGetString(self, s, t):
        pos = 0
        for x in t:
            while pos < len(s) and s[pos] != x:
                pos += 1
            if pos == len(s):
                return False
            pos += 1
        return True
if __name__ == '__main__':
    s = "abc"
    t = "c"
    solution = Solution()
    print("原 string 和目标 string 分别为:", s, t)
    print("能否实现:", solution.canGetString(s, t))
```

4. 运行结果

```
原 string 和目标 string 分别为: abc c
能否实现: True
```

▶ 例 26　字符串写入的行数

1. 问题描述

把字符串 S 中的字符从左到右写入行中,每行最大宽度为 100,如果往后新写一个字符导致该行宽度超过 100,则写入下一行。

其中,一个字符的宽度由一个给定数组 widths 决定,widths[0]是字符 a 的宽度,widths[1]是字符 b 的宽度,…,widths[25]是字符 z 的宽度。

把字符串 S 全部写完,至少需要多少行? 最后一行用去的宽度是多少? 将结果作为整数列表返回。

2. 问题示例

输入:

```
widths = [10,10,10,10,10,10,10,10,10,10,10,10,10,10,10,10,10,10,10,10,10,10,10,10,10,10]
S = "abcdefghijklmnopqrstuvwxyz"
```

输出：[3，60]

每个字符的宽度都是 10，为了把这 26 个字符都写进去，需要两个整行和一个长度 60 的行。

3. 代码实现

```python
class Solution(object):
    def numberOfLines(self, widths, S):
        # 参数 widths: 数组
        # 参数 S: 字符串
        # 返回数组
        line = 1
        space = 0
        flag = False
        for c in S:
            if flag:
                line += 1
                flag = False
            space += widths[ord(c) - 97]
            if space > 100:
                line += 1
                space = widths[ord(c) - 97]
            elif space == 100:
                space = 0
                flag = True
        return [line, space]
if __name__ == '__main__':
    solution = Solution()
    width = [10,10,10,10,10,10,10,10,10,10,10,10,10,10,10,10,10,10,10,10,10,10,10,10,10,10]
    s = "abcdefghijklmnopqrstuvwxyz"
    print("输入字符宽度:",width)
    print("输入的字符串:",s)
    print("输出:",solution.numberOfLines(width,s))
```

4. 运行结果

输入字符宽度：[10, 10, 10, 10, 10, 10, 10, 10, 10, 10, 10, 10, 10, 10, 10, 10, 10, 10, 10, 10, 10, 10, 10, 10, 10, 10]
输入的字符串：abcdefghijklmnopqrstuvwxyz
输出：[3，60]

▶ 例 27 独特的莫尔斯码

1. 问题描述

莫尔斯码定义了一种标准编码，把每个字母映射到一系列点和短划线，例如：a —> . —，b —> —...，c —>—. —. 。给出 26 个字母的完整编码表格：

[". —"," —...", " —. —.", " —..", "." , ".. —.", " ——.", "....", "..", ". ———",
"—. —", ". —..", " ——", ". —.", " ———", ". ——. ", " ——. —", ". —. ", "...", " —",
"..—", "...—", ". ——", "—..—", "—. ——", "——."]。给定一个单词列表，单词中每个字母可以写成莫尔斯码。例如，将 cab 写成—. —. —....—，(把 c，a，b 的莫尔斯码串接起来)，即为一个词的转换。返回所有单词中不同变换的数量。

2．问题示例

例如，输入 words = ["gin"，"zen"，"gig"，"msg"]，输出 2，每一个单词的变换是：

"gin" —> "——...—."

"zen" —> "——...—."

"gig" —> "——...——."

"msg" —> "——...——."

也就是有两种不同的变换结果："——...—."和"——...——."。

3．代码实现

```
class Solution:
    def uniqueMorseRepresentations(self, words):
        #参数 words: 列表
        #返回整数
        # 用 set 保存出现过的莫尔斯码即可
        morse = [". —"," —...", " —. —.", " —..", "." , ".—.", " —— .", "....", "..", ". ———", " —.
—", ". —..", " ——",
                 " —.", " ———", ". ——.", " ——. —", ". —.", "...", " —", ".. —", "...—", ". ——",
"—..—", " —. ——", " —— .."]
        s = set()
        for word in words:
            tmp = ''
            for w in word:
                tmp += morse[ord(w) - 97]
            s.add(tmp)
        return len(s)
if __name__ == '__main__':
    solution = Solution()
    inputnum = ["gin", "zen", "gig", "msg"]
    print("输入:", inputnum)
    print("输出:", solution.uniqueMorseRepresentations(inputnum))
```

4．运行结果

输入: ['gin', 'zen', 'gig', 'msg']
输出: 2

▶ 例 28　比较字符串

1. 问题描述

比较两个字符串 A 和 B,字符串 A 和 B 中的字符都是大写字母,确定 A 中是否包含 B 中所有的字符。

2. 问题示例

例如,给出 A = "ABCD",B = "ACD",返回 True;给出 A = "ABCD",B = "AABC",返回 False。

3. 代码实现

```python
class Solution:
    #参数 A: 包括大写字母的字符串
    #参数 B: 包括大写字母的字符串
    #返回值: 如果字符串 A 包含 B 中的所有字符,返回 True,否则返回 False
    def compareStrings(self, A, B):
        if len(B) == 0:
            return True
        if len(A) == 0:
            return False
        #trackTable 首先记录 A 中所有的字符以及它们的个数,然后遍历 B,如果出现 trackTable[i]
        #小于 0 的情况,说明 B 中该字符出现的次数大于在 A 中出现的次数
        trackTable = [0 for _ in range(26)]
        for i in A:
            trackTable[ord(i) - 65] += 1
        for i in B:
            if trackTable[ord(i) - 65] == 0:
                return False
            else:
                trackTable[ord(i) - 65] -= 1
        return True
#主函数
if __name__ == '__main__':
    solution = Solution()
    A = "ABCD"
    B = "ACD"
    print("输入:", A, B)
    print("输出:", solution.compareStrings(A,B))
```

4. 运行结果

```
输入: ABCD ACD
输出: True
```

▶例29　能否转换

1. 问题描述

给两个字符串 S 和 T,判断 S 能不能通过删除一些字母(包括 0 个)变成 T。

2. 问题示例

输入为 S = "longterm" 和 T = "long",输出为 True。

3. 代码实现

```
#参数 S 和 T: 原始字符串和目标字符串
#返回值: 布尔值,代表能否转换
class Solution:
    def canConvert(self, s, t):
        j = 0
        for i in range(len(s)):
            if s[i] == t[j]:
                j += 1
                if j == len(t):
                    return True
        return False
if __name__ == '__main__':
    s = "longterm"
    t = "long"
    solution = Solution()
    print(" S 与 T 分别为:", s, t)
    print(" 能否删除得到:", solution.canConvert(s, t))
```

4. 运行结果

```
S 与 T 分别为: longterm long
能否删除得到: True
```

▶例30　经典二分查找问题

1. 问题描述

在一个排序数组中找目标数,返回该目标数出现的任意一个位置,如果不存在,返回 —1。

2. 问题示例

输入 nums = [1,2,2,4,5,5],目标数 target = 2,输出 1 或者 2;输入 nums = [1,2,2,4,5,5],目标数 target = 6,输出 —1。

3. 代码实现

```
#参数 nums: 整型排序数组
```

```
#参数 target:任意整型数
#返回值:整型数,若 nums 存在,返回该数位置;若不存在,返回 - 1
class Solution:
    def findPosition(self, nums, target):
        if len(nums) is 0:
            return - 1
        start = 0
        end = len(nums) - 1
        while start + 1 < end :
            mid = start + (end - start)//2
            if nums[mid] == target:
                end = mid
            elif nums[mid] < target:
                start = mid
            else:
                end = mid
        if nums[start] == target:
            return start
        if nums[end] == target:
            return end
        return - 1
#主函数
if __name__ == '__main__':
    generator = [1,2,2,4,5,5]
    target = 2
    solution = Solution()
    print("输入:", generator)
    print("输出:", solution. myAtoi(generator, target))
```

4. 运行结果

```
输入: [1, 2, 2, 4, 5, 5]
输出: 1
```

▶例 31　抽搐词

1. 问题描述

正常单词不会有连续 2 个以上相同的字母,如果出现连续 3 个以上的字母,那么这是一个抽搐词。给出该单词,从左至右求出所有抽搐字母的起始点和结束点。

2. 问题示例

输入 str = "whaaaaatttsup",输出为[[2,6],[7,9]],"aaaa"和"ttt"是抽搐字母;输入 str = "whooooisssbesssst",输出为[[2,5],[7,9],[12,15]],"ooo""sss""ssss"都是抽搐字母。

3. 代码实现

```python
class Solution:
    def twitchWords(self, str):
        n = len(str)
        c = str[0]
        left = 0
        ans = []
        for i in range(n):
            if str[i] != c:
                if i - left >= 3:
                    ans.append([left, i - 1])
                c = str[i]
                left = i
        if n - left >= 3:
            ans.append([left, n - 1])
        return ans
# 主函数
if __name__ == '__main__':
    str = "whooooisssbesssst"
    solution = Solution()
    print(" 输入:", str)
    print(" 输出:", solution.twitchWords(str))
```

4. 运行结果

```
输入: whooooisssbesssst
输出: [[2, 5], [7, 9], [12, 15]]
```

▶例32　排序数组中最接近元素

1. 问题描述

在一个排好序的数组 A 中找到 i，使得 A[i]（数组 A 中第 i 个数）最接近目标数 target，输出 i。

2. 问题示例

输入[1，2，3]，目标数 target = 2，输出 1，即 A[1]与目标数最接近；输入[1，4，6]，目标数 target = 3，输出 1，即 A[1]与目标数最接近。

3. 代码实现

```python
# 参数 nums: 整型排序数组
# 参数 target: 整型数
# 返回值: 这个数组中最接近 target 的整数
class Solution:
    def findPosition(self, A, target):
        if not A:
```

```
                    return - 1
            start, end = 0,len(A) - 1
            while start + 1 < end:
                mid = start + (end - start)//2
                if A[mid]< target:
                    start = mid
                elif A[mid]> target:
                    end = mid
                else:
                    return mid
            if target - A[start]< A[end] - target:
                return start
            else:
                return end
# 主函数
if __name__ == '__main__':
    generator = [1,4,6]
    target = 3
    solution = Solution()
    print("输入:", generator,",target = ",target)
    print("输出:", solution.findPosition(generator, target))
```

4. 运行结果

输入: [1, 4, 6],target = 3
输出: 1

▶ 例 33　构造矩形

1. 问题描述

对于一个 Web 开发者,如何设计页面大小很重要。给定一个矩形大小,设计其长(L)宽(W),使其满足如下要求:矩形区域大小需要和给定目标相等;宽度 W 不大于长度 L,即 $L \geqslant W$;长和宽的差异尽可能小;返回设计好的长度 L 和宽度 W。

2. 问题示例

输入为 4,输出为[2, 2],目标面积为 4,所有可能的组合有[1,4],[2,2],[4,1],[2,2]是最优的,$L = 2,W = 2$。

给定区域面积不超过 10 000 000,而且是正整数,页面宽度和长度必须是正整数。

3. 代码实现

```
class Solution:
    # 参数 area: 整数
    # 返回: 整数
    def constructRectangle(self, area):
        import math
```

```
            W = math.floor(math.sqrt(area))
            while area % W != 0:
                W -= 1
            return [area // W, W]
# 主函数
if __name__ == '__main__':
    s = Solution()
    area = 4
    print("输入面积:",area)
    print("输出长宽:",s.constructRectangle(area))
```

4. 运行结果

```
输入面积: 4
输出长宽: [2, 2]
```

▶ 例34 两个排序数组合的第 k 小元素

1. 问题描述

给定两个排好序的数组 A,B,定义集合 sum $=a+b$,其中 a 来自数组 A,b 来自数组 B,求 sum 中第 k 小的元素。

2. 问题示例

给出 A $=[1,7,11]$,B $=[2,4,6]$,sum $=[3,5,7,9,11,13,13,15,17]$,当 $k=3$,返回 7;当 $k=4$,返回 9;当 $k=8$,返回 15。

3. 代码实现

```
# 参数 A,B: 整型排序数组
# 参数 k: 整型数,表示第 k 小
# 返回值: 数组中第 k 小的整数
class Solution:
    def kthSmallestSum(self, A, B, k):
        if not A or not B:
            return None
        n, m = len(A), len(B)
        minheap = [(A[0] + B[0], 0, 0)]
        visited = set([0])
        num = None
        for _ in range(k):
            num, x, y = heapq.heappop(minheap)
            if x + 1 < n and (x + 1) * m + y not in visited:
                heapq.heappush(minheap, (A[x + 1] + B[y], x + 1, y))
                visited.add((x + 1) * m + y)
            if y + 1 < m and x * m + y + 1 not in visited:
                heapq.heappush(minheap, (A[x] + B[y + 1], x, y + 1))
```

```
                visited.add(x * m + y + 1)
          return num
# 主函数
if __name__ == '__main__':
    generator_A = [1,7,11]
    generator_B = [2,4,6]
    k = 3
    solution = Solution()
    print("输入:", generator_A,generator_B)
    print("k = ",k)
    print("输出:", solution.kthSmallestSum(generator_A,generator_B, k))
```

4. 运行结果

```
输入: [1, 7, 11] [2, 4, 6]
k = 4
输出: 9
```

▶ 例 35   玩具工厂

1. 问题描述

工厂模式是一种常见的设计模式,实现一个玩具工厂 ToyFactory,用来生产不同的玩具类型。假设只有猫和狗两种玩具。

2. 问题示例

输入:

ToyFactory tf = ToyFactory();

Toy toy = tf. getToy('Dog');

toy. talk();

输出:

Wow

输入:

ToyFactory tf = ToyFactory();

toy = tf. getToy('Cat');

toy. talk();

输出:

Meow

3. 代码实现

```
# 参数 type: 字符串,表示不同玩具类型
# 返回值: 不同类型对应的玩具对象
class Toy:
```

```
        def talk(self):
            raise NotImplementedError('This method should have implemented.')
    class Dog(Toy):
        def talk(self):
            print ("Wow")
    class Cat(Toy):
        def talk(self):
            print ("Meow")
    class ToyFactory:
        def getToy(self, type):
            if type == 'Dog':
                return Dog()
            elif type == 'Cat':
                return Cat()
            return None
    #主函数
    if __name__ == '__main__':
        ty = ToyFactory()
        type = 'Dog'
        type1 = 'Cat'
        toy = ty.getToy(type)
        print("输入:type = Dog,输出:")
        toy.talk()
        toy = ty.getToy(type1)
        print("输入:type = Cat,输出:")
        toy.talk()
```

4. 运行结果

```
输入: type = Dog
输出: Wow
输入: type = Cat
输出: Meow
```

▶ 例36 形状工厂

1. 问题描述

实现一个形状工厂 ShapeFactory 创建不同形状,假设只有三角形、正方形和矩形 3 种形状。

2. 问题示例

输入:

```
ShapeFactory sf = new ShapeFactory();
Shape shape = sf.getShape("Square");
shape.draw();
```

输出:

```
 ----
|    |
|    |
 ----
```

输入:

```
ShapeFactory sf = new ShapeFactory();
shape = sf.getShape("Triangle");
shape.draw();
```

输出:

```
   /\
  /  \
 /____\
```

输入:

```
ShapeFactory sf = new ShapeFactory();
shape = sf.getShape("Rectangle");
shape.draw();
```

输出:

```
 ----
|    |
 ----
```

3. 代码实现

```
# 参数 shapeType: 字符串,表示不同形状
# 返回值: 不同对象,Triangle,Square,Rectangle
class Shape:
    def draw(self):
        raise NotImplementedError('This method should have implemented. ')
class Triangle(Shape):
    def draw(self):
        print("   /\\")
        print(" /   \\")
        print("/____\\")
class Rectangle(Shape):
    def draw(self):
        print(" ---- ")
        print("|    |")
        print(" ---- ")
class Square(Shape):
    def draw(self):
```

```
            print( "  ---- ")
            print( "|     |")
            print( "|     |")
            print( "  ---- ")
class ShapeFactory:
    def getShape(self, shapeType):
        if shapeType == "Triangle":
            return Triangle()
        elif shapeType == "Rectangle":
            return Rectangle()
        elif shapeType == "Square":
            return Square()
        else:
            return None
# 主函数
if __name__ == '__main__':
    sf = ShapeFactory()
    shapeType = 'Triangle'
    shape = sf.getShape(shapeType)
    print("输入:type = Triangle,\n 输出:")
    shape.draw()
    shapeType1 = 'Rectangle'
    shape = sf.getShape(shapeType1)
    print("输入:type = Rectangle,\n 输出:")
    shape.draw()
    shapeType2 = 'Square'
    shape = sf.getShape(shapeType2)
    print("输入:type = Square,\n 输出:")
    shape.draw()
```

4. 运行结果

```
输入: type = Triangle
输出:
    /\
   /  \
  /____\

输入: type = Rectangle
输出:
   ----
  |    |
   ----

输入: type = Square
输出:
   ----
  |    |
  |    |
   ----
```

▶ 例 37   二叉树最长连续序列

1. 问题描述

给定一棵二叉树,找到最长连续路径的长度,即任何序列起始节点到树中任一节点都必须遵循父-子关系,最长的连续路径必须是从父节点到子节点。

2. 问题示例

输入{1,♯,3,2,4,♯,♯,♯,5},输出 3,二叉树如下所示:

最长连续序列是 3－4－5,所以返回 3。

3. 代码实现

```python
♯参数 root: 一个二叉树的根
♯返回值: 此二叉树中最长连续序列
class TreeNode:
    def __init__(self, val):
        self.val = val
        self.left = None
        self.right = None
class Solution:
    def longestConsecutive(self, root):
        return self.helper(root, None, 0)
    def helper(self, root, parent, len):
        if root is None:
            return len
        if parent != None and root.val == parent.val + 1:
            len += 1
        else:
            len = 1
        return max(len, max(self.helper(root.left, root, len), \
                            self.helper(root.right, root, len)))
♯主函数
if __name__ == '__main__':
    root = TreeNode(1)
    root.right = TreeNode(3)
    root.right.left = TreeNode(2)
    root.right.right = TreeNode(4)
    root.right.right.right = TreeNode(5)
    solution = Solution()
```

```
    print("输入: {1,♯,3,2,4,♯,♯,♯,5}")
    print("输出:", solution.longestConsecutive(root))
```

4. 运行结果

输入: {1,♯,3,2,4,♯,♯,♯,5}
输出: 3

▷例38 首字母大写

1. 问题描述

输入一个英文句子,将每个单词的首字母改成大写。

2. 问题示例

输入 s = "i want to go home",输出"I Want To Go Home"。输入 s = "we want to go to school",输出"We Want To Go To School"。

3. 代码实现

```
class Solution:
    ♯参数 s: 字符串
    ♯返回字符串
    def capitalizesFirst(self, s):
        n = len(s)
        s1 = list(s)
        if s1[0] >= 'a' and s1[0] <= 'z':
            s1[0] = chr(ord(s1[0]) - 32)
        for i in range(1, n):
            if s1[i - 1] == ' ' and s1[i] != ' ':
                s1[i] = chr(ord(s1[i]) - 32)
        return ''.join(s1)
if __name__ == '__main__':
    s = "i am from bupt"
    solution = Solution()
    print("输入:",s)
    print("输出:",solution.capitalizesFirst(s))
```

4. 运行结果

输入: i am from bupt
输出: I Am From Bupt

▷例39 七进制

1. 问题描述

给定一个整数,返回其七进制的字符串表示。

2．问题示例

输入 num = 100，输出 202。输入 num = −7，输出 −10。

3．代码实现

```
class Solution:
    #参数 num: 十进制整数
    #返回七进制整数
    #不断执行对 7 取模和取整操作,直到商小于 7
    def convertToBase7(self, num):
        if num < 0:
            return '−' + self.convertToBase7(−num)
        if num < 7:
            return str(num)
        return self.convertToBase7(num // 7) + str(num % 7)
if __name__ == '__main__':
    num = 777
    solution = Solution()
    print("输入:",num)
    print("输出:",solution.convertToBase7(num))
```

4．运行结果

输入：777
输出：2160

▶例 40　查找数组中没有出现的所有数字

1．问题描述

给定一个整数数组，其中 $1 \leqslant a[i] \leqslant n$（$n$ 为数组的大小），一些元素出现两次，其他元素出现一次。找到 $[1, n]$ 中所有未出现在此数组中的元素。

2．问题示例

输入 $[4, 3, 2, 7, 8, 2, 3, 1]$，输出 $[5, 6]$。

3．代码实现

```
class Solution:
    #参数 nums: 整数列表
    #返回整数列表
    def findDisappearedNumbers(self, nums):
        n = len(nums)
        s = set(nums)
        res = [i for i in range(1, n + 1) if i not in s]
        return res
#主函数
if __name__ == '__main__':
```

```
s = Solution()
n = [4,3,2,7,8,2,3,1]
print("输入:",n)
print("输出:",s.findDisappearedNumbers(n))
```

4. 运行结果

输入: [4, 3, 2, 7, 8, 2, 3, 1]
输出: [5, 6]

▶ 例 41　回旋镖的数量

1. 问题描述

在平面中给定 n 个点,每一对点都是不同的,回旋镖是点的元组(i,j,k),其中,点 i 和点 j 之间的距离与点 i 和点 k 之间的距离相同$(i,j,k$ 的顺序不同,为不同元组)。找到回旋镖的数量。n 最多为 500,并且点的坐标都在$[-10\,000,10\,000]$范围内。

2. 问题示例

输入$[[0,0],[1,0],[2,0]]$,输出 2,两个回旋镖是$[[1,0],[0,0],[2,0]]$和$[[1,0],[2,0],[0,0]]$。

3. 代码实现

```
class Solution(object):
    def getDistance(self, a, b):
        dx = a[0] - b[0]
        dy = a[1] - b[1]
        return dx * dx + dy * dy
    def numberOfBoomerangs(self, points):
        #参数 points: 整数列表
        #返回整数
        if points == None:
            return 0
        ans = 0
        for i in range(len(points)):
            disCount = {}
            for j in range(len(points)):
                if i == j:
                    continue
                distance = self.getDistance(points[i], points[j])
                count = disCount.get(distance, 0)
                disCount[distance] = count + 1
            for distance in disCount:
                ans += disCount[distance] * (disCount[distance] - 1)
        return ans
#主函数
```

```
if __name__ == '__main__':
    s = Solution()
    n = [[0,0],[1,0],[2,0]]
    print("输入:",n)
    print("输出:",s.numberOfBoomerangs(n))
```

4．运行结果

输入：[[0, 0], [1, 0], [2, 0]]
输出：2

▶例 42　合并排序数组

1．问题描述

合并两个排序的整数数组 A 和 B，变成一个新的排序数组。

2．问题示例

输入[1，2，3]及元素个数 3，输入[4，5]及元素个数 2，输出[1,2,3,4,5]，经过合并新的数组为[1,2,3,4,5]。输入[1,2,5]及元素个数 3，输入[3,4]及元素个数 2，输出[1,2,3,4,5]，经过合并新的数组为[1,2,3,4,5]。

3．代码实现

```
class Solution:
    # 参数 A: 已排序整数数组 A 有 m 个元素,A 的大小是 m+n
    # 参数 m: 整数
    # 参数 B: 已排序整数数组 B,有 n 个元素
    # 参数 n: 整数
    # 返回值: 无
    def mergeSortedArray(self, A, m, B, n):
        i, j = m-1, n-1
        t = len(A)-1
        while i >= 0 or j >= 0:
            if i < 0 or (j >= 0 and B[j] > A[i]):
                A[t] = B[j]
                j -= 1
            else:
                A[t] = A[i]
                i -= 1
            t -= 1
# 主函数
if __name__ == '__main__':
    solution = Solution()
    A = [1,2,3,0,0]
    m = 3
    B = [4,5]
```

```
        n = 2
        solution.mergeSortedArray(A, m, B, n)
        print("输入:A = [1,2,3,0,0], 3, B = [4,5], 2")
        print("输出:", A)
```

4. 运行结果

```
输入: A = [1,2,3,0,0], 3, B = [4,5], 2
输出: [1, 2, 3, 4, 5]
```

▶ 例 43　最小路径和

1. 问题描述

给定一个只含非负整数的 $m * n$ 网格,找到一条从左上角到右下角的路径,使数字和最小。

2. 问题示例

输入[[1,3,1],[1,5,1],[4,2,1]],输出 7,路线为 $1 \rightarrow 3 \rightarrow 1 \rightarrow 1 \rightarrow 1$。输入[[1,3,2]],输出 6,路线是 $1 \rightarrow 3 \rightarrow 2$。

3. 代码实现

```
class Solution:
    # 参数 grid: 二维整数数组
    # 返回值: 一个整数,从左上角到右下角的路径上的所有数字之和中最小的一个
    def minPathSum(self, grid):
        for i in range(len(grid)):
            for j in range(len(grid[0])):
                if i == 0 and j > 0:
                    grid[i][j] += grid[i][j-1]
                elif j == 0 and i > 0:
                    grid[i][j] += grid[i-1][j]
                elif i > 0 and j > 0:
                    grid[i][j] += min(grid[i-1][j], grid[i][j-1])
        return grid[len(grid) - 1][len(grid[0]) - 1]
# 主函数
if __name__ == '__main__':
    solution = Solution()
    grid = [[1,3,1],[1,5,1],[4,2,1]]
    length = solution.minPathSum(grid)
    print("输入:", grid)
    print("输出:", length)
```

4. 运行结果

```
输入: [[1, 4, 5], [2, 7, 6], [6, 8, 7]]
输出: 7
```

▶ 例 44　大小写转换

1. 问题描述

将一个字符由小写字母转换为大写字母。

2. 问题示例

输入 a, 输出 A; 输入 b, 输出 B。

3. 代码实现

```python
class Solution:
    # 参数 character: 字符
    # 返回值: 字符
    def lowercaseToUppercase(self, character):
        # ASCII 码中小写字母与对应的大写字母相差 32
        return chr(ord(character) - 32)
# 主函数
if __name__ == '__main__':
    solution = Solution()
    ans = solution.lowercaseToUppercase('a')
        print("输入: a")
        print("输出:", ans)
```

4. 运行结果

```
输入: a
输出: A
```

▶ 例 45　原子的数量

1. 问题描述

给定化学式(以字符串形式给出),返回每种元素原子的数量。原子始终以大写字符开头,以零或多个小写字母表示名称。

2. 问题示例

输入化学式为 H_2O,输出 H_2O,原子个数分别为: H, 2 个; O, 1 个。

3. 代码实现

```python
import re
import collections
class Solution(object):
    def countOfAtoms(self, formula):
        parse = re.findall(r"([A-Z][a-z]*)(\d*)|(\()|(\))(\d*)", formula)
        stack = [collections.Counter()]
        for name, m1, left_open, right_open, m2 in parse:
```

```
        if name:
            stack[-1][name] += int(m1 or 1)
        if left_open:
            stack.append(collections.Counter())
        if right_open:
            top = stack.pop()
            for k in top:
                stack[-1][k] += top[k] * int(m2 or 1)
    return "".join(name + (str(stack[-1][name]) if stack[-1][name] > 1 else '') for
name in sorted(stack[-1]))
# 主函数
if __name__ == '__main__':
    solution = Solution()
    Test_in = "H2O"
    Test_out = solution.countOfAtoms(Test_in)
    print("输入:",Test_in)
    print("输出:",Test_out)
```

4. 运行结果

输入: H2O
输出: H2O

▶ 例46 矩阵中的最长递增路径

1. 问题描述

给定整数矩阵,找到最长递增路径的长度。从每个单元格可以向上、下、左、右 4 个方向移动,不能沿对角线移动或移动到边界之外,不允许环绕。

2. 问题示例

nums = [
 [9,9,4],
 [6,6,8],
 [2,1,1]
]
返回 4,最长递增路径是 [1, 2, 6, 9]。

3. 代码实现

```
DIRECTIONS = [(1, 0), (-1, 0), (0, -1), (0, 1)]
class Solution:
    """
    参数 matrix: 整数矩阵
    返回整数
    """
```

```python
    def longestIncreasingPath(self, matrix):
        if not matrix or not matrix[0]:
            return 0
        sequence = []
        for i in range(len(matrix)):
            for j in range(len(matrix[0])):
                sequence.append((matrix[i][j], i, j))
        sequence.sort()
        check = {}
        for h, x, y in sequence:
            cur_pos = (x, y)
            if cur_pos not in check:
                check[cur_pos] = 1
            cur_path = 0
            for dx, dy in DIRECTIONS:
                if self.is_valid(x + dx, y + dy, matrix, h):
                    cur_path = max(cur_path, check[(x + dx, y + dy)])
            check[cur_pos] += cur_path
        vals = check.values()
        return max(vals)
    def is_valid(self, x, y, matrix, h):
        row, col = len(matrix), len(matrix[0])
        return x >= 0 and x < row and y >= 0 and y < col and matrix[x][y] < h
# 主函数
if __name__ == '__main__':
    solution = Solution()
    Test_in = [
      [9,9,4],
      [6,6,8],
      [2,1,1]
    ]
    Test_out = solution.longestIncreasingPath(Test_in)
    print("输入:",Test_in)
    print("输出:",Test_out)
```

4. 运行结果

```
输入: [[9, 9, 4], [6, 6, 8], [2, 1, 1]]
输出: 4
```

▶ 例 47　大小写转换

1. 问题描述

将一个字符串中的小写字母转换为大写字母，不是字母的字符不发生变化。

2. 问题示例

输入 str = "abc"，输出 ABC；输入 str = "aBc"，输出 ABC；输入 str = "abC12"，输出

ABC12。

3. 代码实现

```python
class Solution:
    #参数 str: 字符串
    #返回值: 字符串
    def lowercaseToUppercase2(self, str):
        p = list(str)
        #遍历整个字符串,将所有的小写字母转成大写字母
        for i in range(len(p)):
            if p[i] >= 'a' and p[i] <= 'z':
                p[i] = chr(ord(p[i]) - 32)
        return ''.join(p)
#主函数
if __name__ == '__main__':
    solution = Solution()
    s1 = "abC12"
    ans = solution.lowercaseToUppercase2(s1)
    print("输入:", s1)
    print("输出:", ans)
```

4. 运行结果

输入: abC12
输出: ABC12

▶例 48 水仙花数

1. 问题描述

水仙花数是指一个 N 位正整数($N \geqslant 3$),每位数字的 N 次幂之和等于它本身。例如,一个 3 位的十进制整数 153 就是一个水仙花数。因为 $153 = 1^3 + 5^3 + 3^3$。一个 4 位的十进制数 1634 也是一个水仙花数,因为 $1634 = 1^4 + 6^4 + 3^4 + 4^4$。给出 N,找到所有的 N 位十进制水仙花数。

2. 问题示例

输入 1,输出[0,1,2,3,4,5,6,7,8,9];输入 2,输出[],没有 2 位数字的水仙花数。

3. 代码实现

```python
class Solution:
    #参数 n: 数字的位数
    #返回值: 所有 n 位数的水仙花数
    def getNarcissisticNumbers(self, n):
        res = []
        for x in range([0, 10 ** (n-1)][n > 1], 10 ** n):
            y, k = x, 0
```

```
        while x > 0:
            k += (x % 10) ** n
            x //= 10
        if k == y: res.append(k)
    return res
# 主函数
if __name__ == '__main__':
    solution = Solution()
    n = 4
    ans = solution.getNarcissisticNumbers(n)
    print("输入:", n)
    print("输出:", ans)
```

4. 运行结果

输入: 4
输出: [1634, 8208, 9474]

▶ 例 49   余弦相似度

1. 问题描述

余弦相似性是指内积空间两个矢量之间的相似性度量,计算它们之间角度的余弦。$0°$ 的余弦为 1,对于任何其他角度,余弦小于 1。用公式可表示为

$$\text{similarity} = \cos(\theta) = \frac{A \cdot B}{\| A \| \| B \|} = \frac{\sum_{i=1}^{n} A_i \times B_i}{\sqrt{\sum_{i=1}^{n} (A_i)^2 \times \sum_{i=1}^{n} (B_i)^2}}$$

给定两个向量 A 和 B,求出它们的余弦相似度。如果余弦相似不合法(例如 $A = [0]$,$B = [0]$),返回 2。

2. 问题示例

输入 $A = [1]$,$B = [2]$,输出 1.0000。

3. 代码实现

```
import math
# 参数 A,B: 整型数组,表示两个矢量
# 返回值: 2 个输入矢量的余弦相似度
class Solution:
    def cosineSimilarity(self, A, B):
        if len(A) != len(B):
            return 2
        n = len(A)
        up = 0
        for i in range(n):
```

```
            up += A[i] * B[i]
        down = sum(a * a for a in A) * sum(b * b for b in B)
        if down == 0:
            return 2
        return up / math.sqrt(down)
# 主函数
if __name__ == '__main__':
        generator_A = [1,4,0]
        generator_B = [1,2,3]
        solution = Solution()
        print("输入: A = ", generator_A)
        print("输入: B = ", generator_B)
        print("输出: ", solution.cosineSimilarity(generator_A,generator_B))
```

4. 运行结果

输入: A = [1, 4, 0]
输入: B = [1, 2, 3]
输出: 0.583 383 351 196 948

▶例50 链表节点计数

1. 问题描述

计算链表中有多少个节点。

2. 问题示例

输入 1—> 3—> 5—> null，输出 3。返回链表中节点个数，也就是链表的长度为 3。

3. 代码实现

```
# 参数 head: 链表的头部
# 返回值: 链表的长度
class ListNode(object):
    def __init__(self, val, next = None):
        self.val = val
        self.next = next
class Solution:
    def countNodes(self, head):
        cnt = 0
        while head is not None:
            cnt += 1
            head = head.next
        return cnt
# 主函数
if __name__ == '__main__':
    node1 = ListNode(1)
    node2 = ListNode(2)
```

```
node3 = ListNode(3)
node4 = ListNode(4)
node1.next = node2
node2.next = node3
node3.next = node4
solution = Solution()
print("输入: ", node1.val,node2.val,node3.val,node4.val)
print("输出: ", solution.countNodes(node1))
```

4. 运行结果

```
输入: 1 2 3 4
输出: 4
```

▶ 例 51　最高频的 k 个单词

1. 问题描述

给一个单词列表,求出这个列表中出现频次最高的 k 个单词。

2. 问题示例

输入:
```
[
    "yes", "long", "code",
    "yes", "code", "baby",
    "you", "baby", "chrome",
    "safari", "long", "code",
    "body", "long", "code"
]
```
k = 3
输出: ["code", "long", "baby"]
输入:
```
[
    "yes", "long", "code",
    "yes", "code", "baby",
    "you", "baby", "chrome",
    "safari", "long", "code",
    "body", "long", "code"
]
```
k = 4
输出: ["code", "long", "baby", "yes"]

3. 代码实现

```
#参数 words: 字符串数组
#参数 k 代表第 k 高频率出现
#返回值: 字符串数组,表示出现频率前 k 高的字符串
class Solution:
    def topKFrequentWords(self, words, k):
        dict = {}
        res = []
        for word in words:
            if word not in dict:
                dict[word] = 1
            else:
                dict[word] += 1
        sorted_d = sorted(dict.items(), key = lambda x:x[1], reverse = True)
        for i in range(k):
            res.append(sorted_d[i][0])
        return res
#主函数
if __name__ == '__main__':
    generator = ["yes", "long", "code",
                 "yes", "code", "baby",
                 "you", "baby", "chrome",
                 "safari", "long", "code",
                 "body", "long", "code"]
    k = 4
    solution = Solution()
    print("输入: ", generator)
    print("输入: ","k = ", k)
    print("输出: ", solution.topKFrequentWords(generator,k))
```

4. 运行结果

输入: ['yes', 'long', 'code', 'yes', 'code', 'baby', 'you', 'baby', 'chrome', 'safari','long', 'code', 'body', 'long', 'code']
输入: k = 4
输出: ['code', 'long', 'yes', 'baby']

▶ 例 52　单词的添加与查找

1. 问题描述

设计 addWord(word),search(word)操作的数据结构。addWord(word)会在数据结构中添加一个单词,search(word)则支持普通的单词查询或只包含"."和"a~z"的简易正则表达式的查询。其中,一个"."可以代表任何的字母。

2. 问题示例

输入:

addWord("a")

search(".")

输出 True

输入：

addWord("bad")

addWord("dad")

addWord("mad")

search("pad")

search("bad")

search(".ad")

search("b..")

输出：

False

True

True

True

3. 代码实现

```python
# 参数 word: 要添加的单词
# 返回值: 布尔值,查找单词成功则返回 True,否则返回 False
class TrieNode:
    def __init__(self):
        self.children = {}
        self.is_word = False
class WordDictionary:
    def __init__(self):
        self.root = TrieNode()
    def addWord(self, word):
        node = self.root
        for c in word:
            if c not in node.children:
                node.children[c] = TrieNode()
            node = node.children[c]
        node.is_word = True
    def search(self, word):
        if word is None:
            return False
        return self.search_helper(self.root, word, 0)
    def search_helper(self, node, word, index):
        if node is None:
            return False
        if index >= len(word):
```

```
                return node.is_word
            char = word[index]
            if char != '.':
                return self.search_helper(node.children.get(char), word, index + 1)
            for child in node.children:
                if self.search_helper(node.children[child], word, index + 1):
                    return True
            return False
# 主函数
if __name__ == '__main__':
    solution = WordDictionary()
    solution.addWord("bad")
    solution.addWord("dad")
    solution.addWord("mad")
    print('输入: addWord("bad"), addWord("dad"), addWord("mad")')
    print('输入: search("pad"), search("dad"), search(".ad"), search("b..")')
    print("输出: ",
    solution.search("pad"),
    solution.search("bad"),
    solution.search(".ad"),
    solution.search("b.."))
```

4. 运行结果

输入: addWord("bad"), addWord("dad"), addWord("mad")
输入: search("pad"), search("dad"), search(".ad"), search("b..")
输出: False True True True

▶例 53 石子归并

1. 问题描述

石子归并的游戏。有 n 堆石子排成一列,目标是将所有的石子合并成一堆。合并规则如下:每一次可以合并相邻位置的两堆石子;每次合并的代价为所合并的两堆石子的重量之和;求出最小的合并代价。

2. 问题示例

输入[3, 4, 3],输出 17,合并第 1 堆和第 2 堆 => [7, 3],score = 7;合并两堆 => [10],score = 17。

输入:[4, 1, 1, 4],输出 18,合并第 2 堆和第 3 堆 => [4, 2, 4],score = 2,合并前两堆 => [6, 4],score = 8;合并剩余的两堆 => [10],score = 18。

3. 代码实现

```
# 参数 A: 整型数组
# 返回值: 整数,表示最小的合并代价
import sys
```

```python
class Solution:
    def stoneGame(self, A):
        n = len(A)
        if n < 2:
            return 0
        dp = [[0] * n for _ in range(n)]
        cut = [[0] * n for _ in range(n)]
        range_sum = self.get_range_sum(A)
        for i in range(n - 1):
            dp[i][i + 1] = A[i] + A[i + 1]
            cut[i][i + 1] = i
        for length in range(3, n + 1):
            for i in range(n - length + 1):
                j = i + length - 1
                dp[i][j] = sys.maxsize
                for mid in range(cut[i][j - 1], cut[i + 1][j] + 1):
                    if dp[i][j] > dp[i][mid] + dp[mid + 1][j] + range_sum[i][j]:
                        dp[i][j] = dp[i][mid] + dp[mid + 1][j] + range_sum[i][j]
                        cut[i][j] = mid
        return dp[0][n - 1]
    def get_range_sum(self, A):
        n = len(A)
        range_sum = [[0] * n for _ in range(len(A))]
        for i in range(n):
            range_sum[i][i] = A[i]
            for j in range(i + 1, n):
                range_sum[i][j] = range_sum[i][j - 1] + A[j]
        return range_sum
# 主函数
if __name__ == '__main__':
    generator = [3,4,3]
    solution = Solution()
    print("输入:", generator)
    print("输出:", solution.stoneGame(generator))
```

4. 运行结果

输入: [3, 4, 3]
输出: 17

▶ 例 54   简单计算器

1. 问题描述

给出整数 a、b 以及操作符(operator)＋、－、*、/，然后得出简单计算结果。

2. 问题示例

输入 $a = 1$，$b = 2$，operator ＝ ＋，返回 $1 ＋ 2$ 的结果，输出 3。输入 $a = 10$，$b = 20$， operator $=$ *,返回 $10 * 20$ 的结果,输出 200。输入 $a = 3, b = 2$,operator $= /$,返回 $3 / 2$ 的结果,输出 1。输入 $a = 10, b = 11$,operator $= -$,返回 $10 - 11$ 的结果,输出 -1。

3. 代码实现

```
# 参数 a,b: 2 个任意整数
# operator: 运算符 +, -, *, /
# 返回值: 浮点型运算结果
class Solution:
    def calculate(self, a, operator, b):
        if operator == '+':
            return a + b
        elif operator == '-':
            return a - b
        elif operator == '*':
            return a * b
        elif operator == '/':
            return a / b
# 主函数
if __name__ == '__main__':
    a = 8
    b = 3
    operator1 = '+'
    operator2 = '-'
    operator3 = '*'
    operator4 = '/'solution = Solution()
    print("输入:", a ,operator1 ,b)
    print("输出:", solution.calculate(a,operator1,b))
    print("输入:", a ,operator2 ,b)
    print("输出:", solution.calculate(a,operator2,b))
    print("输入:", a ,operator3 ,b)
    print("输出:", solution.calculate(a,operator3,b))
    print("输入:", a ,operator4 ,b)
    print("输出:", solution.calculate(a,operator4,b))
```

4. 运行结果

```
输入: 8 + 3
输出: 11
输入: 8 - 3
输出: 5
输入: 8 * 3
输出: 24
输入: 8 / 3
输出: 2.6666666666666665
```

▶ 例 55　数组第 2 大数

1. 问题描述

在一个数组中找到第 2 大的数。

2. 问题示例

输入 $[1,3,2,4]$,数组中第 2 大的数是 3,输出 3。输入 $[1,2]$,数组中第 2 大的数是 1,输出 1。

3. 代码实现

```python
# 参数 nums: 整型数组
# 返回值 secValue: 数组中第 2 大数
class Solution:
    def secondMax(self, nums):
        maxValue = max(nums[0], nums[1])
        secValue = min(nums[0], nums[1])
        for i in range(2, len(nums)):
            if nums[i] > maxValue:
                secValue = maxValue
                maxValue = nums[i]
            elif nums[i] > secValue:
                secValue = nums[i]
        return secValue
# 主函数
if __name__ == '__main__':
    generator = [3,4,7,9]
    solution = Solution()
    print("输入: ", generator)
    print("输出: ", solution.secondMax(generator))
```

4. 运行结果

```
输入: [3, 4, 7, 9]
输出: 7
```

▶ 例 56　二叉树叶子节点之和

1. 问题描述

叶子节点是一棵树中没有子节点(即度为 0)的节点,简单地说就是一个二叉树任意一个分支上的终端节点。计算二叉树的叶子节点之和。

2. 问题示例

输入：

输出：7

输入：

输出：3

3. 代码实现

```
# 参数 root: 二叉树的根
# 返回值: 整数,表示叶子节点之和
class TreeNode:
    def __init__(self, val):
        self.val = val
        self.left, self.right = None, None
class Solution:
    def leafSum(self, root):
        p = []
        self.dfs(root, p)
        return sum(p)
    def dfs(self, root, p):
        if root is None:
            return
        if root.left is None and root.right is None:
            p.append(root.val)
        self.dfs(root.left, p)
        self.dfs(root.right, p)
# 主函数
if __name__ == '__main__':
    root = TreeNode(1)
    root.left = TreeNode(2)
    root.right = TreeNode(3)
    root.left.left = TreeNode(4)
    solution = Solution()
    print("输入:", root.val, root.left.val, root.right.val, root.left.left.val)
    print("输出:", solution.leafSum(root))
```

4. 运行结果

输入：1 2 3 4
输出：7

▶例 57　二叉树的某层节点之和

1. 问题描述

计算二叉树的某层节点之和。

2. 问题示例

输入二叉树,深度 depth= 2,输出 5,也就是二叉树层深为 2 的所有节点之和为 2+3=5。如果深度输入为 depth= 3,则输出 4+5+6+7=22。

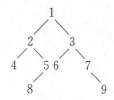

3. 代码实现

```
#参数 root: 二叉树的根
#参数 level: 树的目标层的深度
#返回值: 整数,表示该 level 叶子节点之和
class TreeNode:
    def __init__(self, val):
        self.val = val
        self.left, self.right = None, None
class Solution:
    def levelSum(self, root, level):
        p = []
        self.dfs(root, p, 1, level)
        return sum(p)
    def dfs(self, root, p, dep, level):
        if root is None:
            return
        if dep == level:
            p.append(root.val)
            return
        self.dfs(root.left, p, dep + 1, level)
        self.dfs(root.right, p, dep + 1, level)
#主函数
if __name__ == '__main__':
    root = TreeNode(1)
    root.left = TreeNode(2)
    root.right = TreeNode(3)
    root.left.left = TreeNode(4)
    root.left.right = TreeNode(5)
    root.right.left = TreeNode(6)
```

```
root.right.right = TreeNode(7)
root.left.right.right = TreeNode(8)
root.right.right.right = TreeNode(9)
depth = 3
solution = Solution()
print("输入:",root.val,root.left.val,root.right.val,root.left.left.val,
        root.left.right.val,root.right.left.val,root.right.right.val,
        root.left.right.right.val,root.right.right.right.val)
print("输入: depth = ", depth)
print("输出:",solution.levelSum(root,depth))
```

4. 运行结果

```
输入: 1 2 3 4 5 6 7 8 9
输入: depth = 3
输出: 22
```

▶ 例 58　判断尾数

1. 问题描述

有个 01 字符串 str,只会出现 3 个单词,两个字节的单词 10 或者 11,一个字节的单词 0,判断字符串中最后一个单词的字节数。

2. 问题示例

输入为 str = "100",输出为 1,因为 str 由两个单词构成,10 和 0。输入为 str = "1110"输出为 2,因为 str 由两个单词构成 11 和 10。

3. 代码实现

```
#参数 str: 输入 01 字符串
#返回值: 整数,代表最后一个单词的长度
class Solution:
    def judgeTheLastNumber(self, str):
        if str[-1] == 1:
            return 2
        for i in range(-2, -len(str) - 1, -1):
            if str[i] == 0:
                return -1 * ((i * -1 + 1) % 2) + 2
        return -1 * (len(str) % 2) + 2
if __name__ == '__main__':
    str = "111110"
    solution = Solution()
    print(" 原 01 串:", str)
    print(" 最后一个词长度:", solution.judgeTheLastNumber(str))
```

4. 运行结果

```
原 01 串: 111110
最后一个词长度: 2
```

▶ 例 59　两个字符串是变位词

1. 问题描述

写出一个函数,判断两个字符串是否可以通过改变字母的顺序,变成一样的字符串。

2. 问题示例

输入 s = "ab",t = "ab",输出 true；输入 s = "abcd",t = "dcba",输出 True；输入 s = "ac",t = "ab",输出 False。

3. 代码实现

```
class Solution:
    ♯参数 s: 第 1 个字符串
    ♯参数 t: 第 2 个字符串
    ♯返回值: True 或 False
    def anagram(self, s, t):
        set_s = [0] * 256
        set_t = [0] * 256
        for i in range(0, len(s)):
            set_s[ord(s[i])] += 1
        for i in range(0, len(t)):
            set_t[ord(t[i])] += 1
        for i in range(0, 256):
            if set_s[i] != set_t[i]:
                return False
        return True
♯主函数
if __name__ == '__main__':
    solution = Solution()
    s = "abcd"
    t = "dcba"
    ans = solution.anagram(s, t)
    print("输入:", s, t)
    print("输出:", ans)
```

4. 运行结果

```
输入: abcd dcba
输出: True
```

▶ 例 60　最长单词

1. 问题描述

给一个词典,找出其中最长的单词。

2. 问题示例

输入{" dog"," google"," facebook"," internationalization"," blabla"},输出：["internationalization"]。输入{"like","love","hate","yes"},输出["like","love","hate"]。

3. 代码实现

```python
class Solution:
    # 参数 dictionary: 字符串数组
    # 返回值: 字符串数组
    def longestWords(self, dictionary):
        answer = []
        maxLength = 0
        for item in dictionary:
            if len(item) > maxLength:
                maxLength = len(item)
                answer = [item]
            elif len(item) == maxLength:
                answer.append(item)
        return answer
# 主函数
if __name__ == '__main__':
    solution = Solution()
    dic = ["dog","google","facebook","internationalization","blabla"]
    answer = solution.longestWords(dic)
    print("输入:", dic)
    print("输出:", answer)
```

4. 运行结果

```
输入: ['dog', 'google', 'facebook', 'internationalization', 'blabla']
输出: ['internationalization']
```

▶例61 机器人能否返回原点

1. 问题描述

机器人位于坐标原点(0，0)处,给定一系列动作,判断该机器人的移动轨迹是否是一个环,即最终能否回到原来的位置。移动的顺序由字符串表示,每个动作都由一个字符表示。有效的机器人移动是 R(右)、L(左)、U(上)和 D(下)。输出为 True 或 False,表示机器人是否回到原点。

2. 问题示例

输入 UD,输出 True,即上下各一次,回到原点。

3. 代码实现

```python
class Solution:
```

```
# 参数 moves: 字符串
# 返回布尔类型
def judgeCircle(self, moves):
    count_RL = count_UD = 0
    for c in moves:
        if c == 'R':
            count_RL += 1
        if c == 'L':
            count_RL -= 1
        if c == 'U':
            count_UD += 1
        if c == 'D':
            count_UD -= 1
    return count_RL == 0 and count_UD == 0
if __name__ == '__main__':
    solution = Solution()
    moves = "UD"
    print("输入:", moves)
    print("输出:", solution.judgeCircle(moves))
```

4. 运行结果

输入: UD
输出: True

▶ 例 62 链表倒数第 n 个节点

1. 问题描述

找到单链表倒数第 n 个节点,保证链表中节点的最少数量为 n。

2. 问题示例

输入 list $= 3->2->1->5->$ null,$n = 2$,输出 1;输入 list $= 1->2->3->$ null,$n = 3$,输出 1。

3. 代码实现

```
# 定义链表节点
class ListNode(object):
    def __init__(self, val):
        self.val = val
        self.next = None
class Solution:
    # 参数 head: 链表的第一个节点
    # 参数 n: 整数
    # 返回值: 单链表的第 n 到最后一个节点
    def nthToLast(self, head, n):
        if head is None or n < 1:
```

```
            return None
    cur = head.next
    while cur is not None:
        cur.pre = head
        cur = cur.next
        head = head.next
    n -= 1
    while n > 0:
        head = head.pre
        n -= 1
    return head
# 主函数
if __name__ == '__main__':
    solution = Solution()
    l0 = ListNode(3)
    l1 = ListNode(2)
    l2 = ListNode(1)
    l3 = ListNode(5)
    l0.next = l1
    l1.next = l2
    l2.next = l3
    ans = solution.nthToLast(l0, 2).val
    print("输入: 3->2->1->5->null,  n = 2")
    print("输出:", ans)
```

4. 运行结果

```
输入: 3->2->1->5->null,  n = 2
输出: 1
```

例63 链表求和

1. 问题描述

有两个用链表代表的整数,其中每个节点包含一个数字。数字存储按照原来整数中相反的顺序,使得第一个数字位于链表的开头。写出一个函数将两个整数相加,用链表形式返回和。

2. 问题示例

输入 7->1->6->null,5->9->2->null,输出 2->1->9->null,即 617 + 295 = 912,912 转换成链表 2->1->9->null。输入 3->1->5->null,5->9->2->null,输出 8->0->8->null,即 513 + 295 = 808,808 转换成链表 8->0->8->null。

3. 代码实现

```
# 定义链表节点
class ListNode(object):
```

```python
    def __init__(self, val):
        self.val = val
        self.next = None
class Solution:
    def addLists(self, l1, l2) -> list:
        dummy = ListNode(None)
        tail = dummy
        carry = 0
        while l1 or l2 or carry:
            num = 0
            if l1:
                num += l1.val
                l1 = l1.next
            if l2:
                num += l2.val
                l2 = l2.next
            num += carry
            digit, carry = num % 10, num // 10
            node = ListNode(digit)
            tail.next, tail = node, node
        return dummy.next
# 主函数
if __name__ == '__main__':
    solution = Solution()
    l0 = ListNode(7)
    l1 = ListNode(1)
    l2 = ListNode(6)
    l0.next = l1
    l1.next = l2
    l3 = ListNode(5)
    l4 = ListNode(9)
    l5 = ListNode(2)
    l3.next = l4
    l4.next = l5
    ans = solution.addLists(l0, l3)
    a = [ans.val, ans.next.val, ans.next.next.val]
    print("输入: 7->1->6->null,  5->9->2->null")
    print("输出: 2->1->9->null")
```

4. 运行结果

输入: 7->1->6->null, 5->9->2->null
输出: 2->1->9->null

▶ 例64 删除元素

1．问题描述

给定一个数组和一个值，在原地删除与值相同的数字，返回新数组的长度。元素的顺序可以改变，对新的数组不会有影响。

2．问题示例

输入[0,4,4,0,0,2,4,4]，value = 4，输出 4，即删除后的数组为[0,0,0,2]，有 4 个元素，数组的长度为 4。

3．代码实现

```
class Solution:
    #参数 A: 整数列表
    #参数 elem: 整数
    #返回值: 移除后的长度
    def removeElement(self, A, elem):
        j = len(A) − 1
        for i in range(len(A) − 1, −1, −1):
            if A[i] == elem:
                A[i], A[j] = A[j], A[i]
                j −= 1
        return j + 1
#主函数
if __name__ == '__main__':
    solution = Solution()
    A = [0,4,4,0,0,2,4,4]
    e = 4
    ans = solution.removeElement(A, e)
    print("输入: [0,4,4,0,0,2,4,4],  value = 4")
    print("输出:", ans)
```

4．运行结果

```
输入: [0,4,4,0,0,2,4,4],  value = 4
输出: 4
```

▶ 例65 克隆二叉树

1．问题描述

深度复制一个二叉树。给定一个二叉树，返回其克隆品。

2．问题示例

输入{1,2,3,4,5}，输出{1,2,3,4,5}，二叉树如下所示：

3. 代码实现

```
# 树的节点结构
# 参数 val: 节点值
class TreeNode:
    def __init__(self, val):
        self.val = val
        self.left, self.right = None, None
# 参数{TreeNode} root: 二进制树的根
# 返回值 clone_root: 复制后新树的根
class Solution:
    def cloneTree(self, root):
        if root is None:
            return None
        clone_root = TreeNode(root.val)
        clone_root.left = self.cloneTree(root.left)
        clone_root.right = self.cloneTree(root.right)
        return clone_root
# 主函数
if __name__ == '__main__':
    root = TreeNode(1)
    root.left = TreeNode(2)
    root.right = TreeNode(3)
    root.left.left = TreeNode(4)
    root.left.right = TreeNode(5)
    solution = Solution()
    print("输入:",
        root.val,root.left.val,root.right.val,root.left.left.val,root.left.right.val)
    print("输出: ",
      solution.cloneTree(root).val,solution.cloneTree(root).left.val,solution
      .cloneTree(root).right.val,solution.cloneTree(root).left.left.val,solution
      .cloneTree(root).left.right.val)
```

4. 运行结果

```
输入: 1 2 3 4 5
输出: 1 2 3 4 5
```

▶例66   合并两个排序链表

1. 问题描述

将两个排序链表合并为一个新的排序链表。

2．问题示例

输入 list1 = 1—>3—>8—>11—>15—>null，list2 = 2—>null，输出 1—>2—>3—>8—>11—>15—>null。

3．代码实现

```python
# 定义链表节点
class ListNode(object):
    def __init__(self, val):
        self.val = val
        self.next = None
class Solution(object):
    # 参数 l1: 链表头节点
    # 参数 l2: 链表头节点
    # 返回值: 链表头节点
    def mergeTwoLists(self, l1, l2):
        dummy = ListNode(0)
        tmp = dummy
        while l1 != None and l2 != None:
            if l1.val < l2.val:
                tmp.next = l1
                l1 = l1.next
            else:
                tmp.next = l2
                l2 = l2.next
            tmp = tmp.next
        if l1 != None:
            tmp.next = l1
        else:
            tmp.next = l2
        return dummy.next
# 主函数
if __name__ == '__main__':
    solution = Solution()
    l0 = ListNode(1)
    l1 = ListNode(3)
    l2 = ListNode(8)
    l0.next = l1
    l1.next = l2
    l5 = ListNode(2)
    l6 = ListNode(4)
    l5.next = l6
    ans = solution.mergeTwoLists(l0, l5)
    a = [ans.val, ans.next.val, ans.next.next.val,
         ans.next.next.next.val, ans.next.next.next.next.val]
    print("输入: list1 = 1->3->8->null,  list2 = 2->4->null")
    print("输出: 1->2->3->4->8->null")
```

4. 运行结果

输入: list1 = 1->3->8->null, list2 = 2->4->null
输出: 1->2->3->4->8->null

▶ 例 67　反转整数

1. 问题描述

将一个整数中的数字进行颠倒,当颠倒后的整数溢出时,返回 0(标记为 32 位整数)。

2. 问题示例

输入 234,输出 432。

3. 代码实现

```python
# 参数 n: 整数
# 返回值 reverse: 反转的整数
class Solution:
    def reverseInteger(self, n):
        if n == 0:
            return 0
        neg = 1
        if n < 0:
            neg, n = -1, -n
        reverse = 0
        while n > 0:
            reverse = reverse * 10 + n % 10
            n = n // 10
        reverse = reverse * neg
        if reverse < -(1 << 31) or reverse > (1 << 31) - 1:
            return 0
        return reverse
# 主函数
if __name__ == '__main__':
    generator = 1234
    solution = Solution()
    print("输入:", generator)
    print("输出:", solution.reverseInteger(generator))
```

4. 运行结果

输入: 1234
输出: 4321

▶例68 报数

1. 问题描述

报数序列是指一个整数序列,按照顺序报数,根据报数得到下一个数。规律如下:第 1 个数为 1,读作"一个一",即 11,也就是第 2 个数是 11;11 读作"两个一",即 21,也就是第 3 个数是 21。21 被读作"一个二,一个一",即 1211,也就是第 4 个数是 1211。给定一个正整数 n,输出报数序列的第 n 项。注意:整数顺序将表示为一个字符串。

2. 问题示例

输入 5,输出 111221。

3. 代码实现

```
# 参数 n: 正整数
# 返回值 string: n 所表示的报数序列
class Solution:
    def countAndSay(self, n):
        string = '1'
        for i in range(n - 1):
            a = string[0]
            count = 0
            s = ''
            for ch in string:
                if a == ch:
                    count += 1
                else:
                    s += str(count) + a
                    a = ch
                    count = 1
            s += str(count) + a
            string = s
            a = string[0]
        return string
# 主函数
if __name__ == '__main__':
    generator = 5
    solution = Solution()
    print("输入:", generator)
    print("输出:", solution.countAndSay(generator))
```

4. 运行结果

输入: 5
输出: 111221

▶ 例 69   完全二叉树

1. 问题描述

完全二叉树的特点是：只允许最后一层有空缺节点且空缺在右边，即叶子节点只能在层次最大的两层上出现；对任一节点，如果其右子树的深度为 j，则其左子树的深度必为 j 或 $j+1$，即度为 1 的点只有 1 个或 0 个。判断一个二叉树是否是完全二叉树。

2. 问题示例

输入二叉树为$\{1,2,3,4\}$，输出 True，如下所示是完全二叉树。

输入$\{1,2,3,\sharp,4\}$，输出 False，如下所示不是完全二叉树。

3. 代码实现

```python
# 参数 root: 二叉树的根
# 返回值: 布尔值, 输入数据完全二叉树时返回 True, 否则返回 False
class TreeNode:
    def __init__(self, val):
        self.val = val
        self.left = None
        self.right = None
class Solution:
    def isComplete(self, root):
        if root is None:
            return True
        queue = [root]
        index = 0
        while index < len(queue):
            if queue[index] is not None:
                queue.append(queue[index].left)
                queue.append(queue[index].right)
            index += 1
        while queue[-1] is None:
            queue.pop()
        for q in queue:
            if q is None:
                return False
```

```
            return True
# 主函数
if __name__ == '__main__':
    root = TreeNode(1)
    root.left = TreeNode(2)
    root.right = TreeNode(3)
    root.left.left = TreeNode(4)
    solution = Solution()
    print("输入: ", root.val,root.left.val,root.right.val,root.left.left.val)
    print("输出: ", solution.isComplete(root))
```

4. 运行结果

输入：1 2 3 4
输出：True

▶例70 对称二叉树

1. 问题描述

如果一棵二叉树和其镜像二叉树一样,那么它就是对称的。判断一个二叉树是否是对称二叉树。

2. 问题示例

输入{1,2,2,3,4,4,3},输出 True,即如下所示的二叉树是对称的。

输入{1,2,2,♯,3,♯,3},输出 False,即如下所示的二叉树不对称。

3. 代码实现

```
# 参数 root: 二叉树的根
# 返回值: 布尔值,输入数据是对称二叉树时返回 True,否则返回 False
class TreeNode:
    def __init__(self, val):
        self.val = val
        self.left = None
        self.right = None
class Solution:
    def help(self, p, q):
        if p == None and q == None: return True
```

```
            if p and q and p.val == q.val:
                return self.help(p.right, q.left) and self.help(p.left, q.right)
            return False
        def isSymmetric(self, root):
            if root:
                return self.help(root.left, root.right)
            return True
# 主函数
if __name__ == '__main__':
    root = TreeNode(1)
    root.left = TreeNode(2)
    root.right = TreeNode(2)
    root.right.right = TreeNode(3)
    root.right.left = TreeNode(4)
    root.left.right = TreeNode(4)
    root.left.left = TreeNode(3)
    solution = Solution()
    print("输入: ", root.val, root.left.val, root.right.val, root.left.left.val, root.left
    .right.val, root.right.left.val, root.right.right.val)
    print("输出: ", solution.isSymmetric(root))
```

4. 运行结果

输入: 1 2 2 3 4 4 3
输出: True

▶ 例71　扭转后等价的二叉树

1. 问题描述

检查两棵二叉树在经过若干次扭转后是否可以等价。扭转的定义是,交换任意节点的左右子树。等价的定义是,两棵二叉树必须为相同的结构,并且对应位置上的节点值要相等。

2. 问题示例

输入{1,2,3,4},{1,3,2,♯,♯,♯,4},输出 True,即如下两个二叉树,扭转第 2 层节点左右子树可以变换为等价的。

输入{1,2,3,4},{1,3,2,4},输出 False,即如下两个二叉树,扭转第 2 层节点左右子树不能变换为等价的。

3. 代码实现

```
#参数 a、b：二叉树的根
#返回值：布尔值,当输入二叉树经若干次扭转后可以等价时返回 True,否则返回 False
class TreeNode:
    def __init__(self, val):
        self.val = val
        self.left = None
        self.right = None
class Solution:
    def isTweakedIdentical(self, a, b):
        if a == None and b == None: return True
        if a and b and a.val == b.val:
            return self.isTweakedIdentical(a.left, b.left) and \
                self.isTweakedIdentical(a.right, b.right) or \
                self.isTweakedIdentical(a.left, b.right) and \
                self.isTweakedIdentical(a.right, b.left)
        return False
#主函数
if __name__ == '__main__':
    root = TreeNode(1)
    root.left = TreeNode(2)
    root.right = TreeNode(3)
    root.left.left = TreeNode(4)
    root1 = TreeNode(1)
    root1.right = TreeNode(2)
    root1.left = TreeNode(3)
    root1.right.right = TreeNode(4)
    solution = Solution()
    print("输入: ", root.val,root.left.val,root.right.val,root.left.left.val," , ",root1.
    val,root1.left.val,root1.right.val,root1.right.right.val)
    print("输出: ", solution.isTweakedIdentical(root,root1))
```

4. 运行结果

输入：1 2 3 4，1 3 2 4
输出：True

▶ 例 72 岛屿的个数

1. 问题描述

给一个 01 矩阵,0 代表海,1 代表岛,如果两个 1 相邻,那么这两个 1 属于同 1 个岛。只考虑上下左右为相邻,求不同岛屿的个数。

2. 问题示例

输入的矩阵如下所示,输出 3,即有 3 个岛。

```
[
[1,1,0,0,0],
[0,1,0,0,1],
[0,0,0,1,1],
[0,0,0,0,0],
[0,0,0,0,1]
]
```

3. 代码实现

```python
from collections import deque
#参数 grid: 01 矩阵
#返回值 islands: 岛屿的个数
class Solution:
    def numIslands(self, grid):
        if not grid or not grid[0]:
            return 0
        islands = 0
        for i in range(len(grid)):
            for j in range(len(grid[0])):
                if grid[i][j]:
                    self.bfs(grid, i, j)
                    islands += 1
        return islands
    def bfs(self, grid, x, y):
        queue = deque([(x, y)])
        grid[x][y] = False
        while queue:
            x, y = queue.popleft()
            for delta_x, delta_y in [(1, 0), (0, -1), (-1, 0), (0, 1)]:
                next_x = x + delta_x
                next_y = y + delta_y
                if not self.is_valid(grid, next_x, next_y):
                    continue
                queue.append((next_x, next_y))
                grid[next_x][next_y] = False
    def is_valid(self, grid, x, y):
        n, m = len(grid), len(grid[0])
        return 0 <= x < n and 0 <= y < m and grid[x][y]
#主函数
if __name__ == '__main__':
    generator = [
                [1,1,0,0,0],
                [0,1,0,0,1],
                [0,0,0,1,1],
                [0,0,0,0,0],
```

```
                [0,0,0,0,1]
                ]
        solution = Solution()
        print("输入:", generator)
        print("输出:", solution.numIslands(generator))
```

4. 运行结果

输入: [[1, 1, 0, 0, 0], [0, 1, 0, 0, 1], [0, 0, 0, 1, 1], [0, 0, 0, 0, 0], [0, 0, 0, 0, 1]]
输出: 3

▶ 例 73 判断是否为平方数之和

1. 问题描述

给一个整数 c,判断是否存在两个整数 a 和 b,使得 $a^2 + b^2 = c$。

2. 问题示例

输入 $n = 5$,输出 True,因为 $1 * 1 + 2 * 2 = 5$。

3. 代码实现

```python
import math
class Solution:
    """
    参数 num: 整数
    返回布尔类型
    """
    def checkSumOfSquareNumbers(self, num):
        # write your code here
        if num < 0:
            return False
        for i in reversed(range(0, int(math.sqrt(num)) + 1)):
            if i * i == num:
                return True
            j = num - i * i
            k = int(math.sqrt(j))
            if k * k == j:
                return True
        return False
if __name__ == '__main__':
    solution = Solution()
    num = 5
    print("输入:", num)
    print("输出:", solution.checkSumOfSquareNumbers(num))
```

4. 运行结果

输入: 5
输出: True

▶ 例 74 滑动窗口内数的和

1. 问题描述

给定一个大小为 n 的整型数组和一个大小为 k 的滑动窗口,将滑动窗口从头移到尾,每次移动一个整数输出从开始到结束每个时刻滑动窗口内数的和。

2. 问题示例

输入 $array = [1, 2, 7, 8, 5], k = 3$,输出 $[10, 17, 20]$,表示第 1 个窗口 $1 + 2 + 7 = 10$,第 2 个窗口 $2 + 7 + 8 = 17$,第 3 个窗口 $7 + 8 + 5 = 20$。

3. 代码实现

```python
class Solution:
    # nums: 整数数组
    # k: 滑动窗口大小
    # 返回每个窗口的数字和
    def winSum(self, nums, k):
        n = len(nums)
        if n < k or k <= 0:
            return []
        sums = [0] * (n - k + 1)
        for i in range(k):
            sums[0] += nums[i];
        for i in range(1, n - k + 1):
            sums[i] = sums[i - 1] - nums[i - 1] + nums[i + k - 1]
        return sums
# 主函数
if __name__ == '__main__':
    inputnum = [1, 2, 7, 8, 5]
    k = 3
    print("输入数组:", inputnum)
    print("输入窗口:", k)
    solution = Solution()
    print("输出数组:", solution.winSum(inputnum, k))
```

4. 运行结果

```
输入数组: [1, 2, 7, 8, 5]
输入窗口: 3
输出数组: [10, 17, 20]
```

▶ 例 75 总汉明距离

1. 问题描述

2 个整数之间的汉明距离是相应二进制数位上不同的个数。找到所有给定数字对之间的总汉明距离。

2. 问题示例

输入[4,14,2],输出 6,因为在二进制形式中,4 是 0100,14 是 1110,2 是 0010(只显示在这种情况下相关的 4 个位),汉明距离(4,14) + 汉明距离(4,2) + 汉明距离(14,2) = 2 + 2 + 2 = 6。

3. 代码实现

```
class Solution:
    # 参数 nums: 整数
    # 返回整数
    def totalHammingDistance(self, nums):
        return sum(b.count('0') * b.count('1') for b in zip( * map('{:032b}'.format, nums)))
# 主函数
if __name__ == '__main__':
    s = Solution()
    n = [4,14,2]
    print("输入:",n)
    print("输出:",s.totalHammingDistance(n))
```

4. 运行结果

```
输入: [4, 14, 2]
输出: 6
```

▶ 例 76　硬币摆放

1. 问题描述

有 n 枚硬币,摆放成阶梯形状,即第 k 行恰好有 k 枚硬币。给出 n,找到可以形成的完整楼梯行数。n 是一个非负整数,且在 32 位有符号整数范围内。

2. 问题示例

样例 1:

输入 $n = 5$,输出 2,硬币可以形成以下行:

¤

¤ ¤

¤ ¤

第 3 行不完整,返回 2。

样例 2:

输入 $n = 8$,输出 3,硬币可以形成以下行:

¤

¤ ¤

¤ ¤ ¤

¤ ¤

第 4 行不完整,返回 3。

3. 代码实现

```python
import math
class Solution:
    # 参数 n: 整数
    # 返回整数
    # n = (1 + x) * x / 2, 求得 x = (-1 + sqrt(8 * n + 1)) / 2, 对 x 取整
    def arrangeCoins(self, n):
        return math.floor((-1 + math.sqrt(1 + 8 * n)) / 2)
if __name__ == '__main__':
    n = 10
    solution = Solution()
    print("输入:",n)
    print("输出:",solution.arrangeCoins(n))
```

4. 运行结果

输入: 10
输出: 4

▶ 例 77   字母大小写转换

1. 问题描述

给定一个字符串 S,可以将其中所有的字符任意切换大小写,得到一个新的字符串。将所有可生成的新字符串以一个列表的形式输出。

2. 问题示例

输入 S = a1b2,输出["a1b2", "a1B2", "A1b2", "A1B2"]。

3. 代码实现

```python
class Solution(object):
    def letterCasePermutation(self, S):
        # 参数 S: 字符串
        # 返回字符串列表
        # 利用二进制对应字符串.其中 0 表示大小写不变,1 表示改变大小写
        res = []
        indices = []
        indices = [i for i,_ in enumerate(S) if S[i].isalpha()]
        for i in range(0, pow(2,len(indices))):
            if i == 0:
                res.append(S)
            else:
                j = i;bpos = 0;nsl = list(S)
```

```
                while j > 0:
                    ci2c = indices[bpos]
                    if j&1 and S[ci2c].islower():
                        nsl[ci2c] = S[ci2c].upper()
                    elif j&1 and S[ci2c].isupper():
                        nsl[ci2c] = S[ci2c].lower()
                    bpos += 1
                    j = j >> 1
                res.append("".join(nsl))
        return res
if __name__ == '__main__':
    solution = Solution()
    S = "a1b2"
    print("输入:", S)
    print("输出:", solution.letterCasePermutation(S))
```

4. 运行结果

输入: a1b2
输出: ['a1b2', 'A1b2', 'a1B2', 'A1B2']

▶ 例78　二进制表示中质数个计算置位

1. 问题描述

计算置位代表二进制形式中 1 的个数。给定 2 个整数 L 和 R,找到闭区间[L, R]范围,计算置位位数为质数的整数个数。例如 21 的二进制形式 10101 有 3 个计算置位,3 是质数。

2. 问题示例

输入 L = 6,R = 10,输出 4,6 —> 110(2 个计算置位,2 是质数),7 —> 111(3 个计算置位,3 是质数),9 —> 1001(2 个计算置位,2 是质数),10 —> 1010(2 个计算置位,2 是质数)。

3. 代码实现

```
class Solution(object):
    def countPrimeSetBits(self, L, R):
        # "L, R 在[1, 10^6]范围
        # 可能的质数为 2, 3, 5, 7, 11, 13, 17, 19.
        # 统计 1 的个数在进行质数判定,因为二进制 1 的个数不会超过 20 个,枚举质数即可
        k = 0
        for n in range(L, R + 1):
            if bin(n).count('1') in [2, 3, 5, 7, 11, 13, 17, 19]:
                k = k + 1
        return k
if __name__ == '__main__':
    solution = Solution()
```

```
L = 6
R = 10
print("输入:[",L,R,"]")
print("输出:",solution.countPrimeSetBits(L,R))
```

4. 运行结果

```
输入: [ 6 10 ]
输出: 4
```

▶ 例 79　最少费用的爬台阶方法

1. 问题描述

在楼梯上,每一号台阶都有各自的费用,即第 i 号(台阶从 0 号索引)台阶有非负成本 $cost[i]$。一旦支付了费用,可以爬 1～2 步。需要找到最低成本来到达最高层。从索引为 0 的楼梯开始,也可以从索引为 1 的楼梯开始。

2. 问题示例

输入 $cost = [10, 15, 20]$,输出 15,最便宜的方法是从第 1 号台阶起步,支付费用并直接到达顶层。

输入 $cost = [1, 100, 1, 1, 1, 100, 1, 1, 100, 1]$,输出 6,最便宜的方法是从第 0 号台阶起步,只走费用为 1 的台阶并且跳过第 3 号台阶。

3. 代码实现

```python
class Solution:
    # 参数 cost: 数组
    # 返回最小费用
    # 状态转移方程
    dp[i] = min(dp[i-1] + cost[i-1],dp[i-2] + cost[i-2])
    def minCostClimbingStairs(self, cost):
        a, b = 0, 0
        for i in range(2, len(cost) + 1):
            c = min(a + cost[i - 2], b + cost[i - 1])
            a, b = b, c
        return b
if __name__ == '__main__':
    solution = Solution()
    print("输入:",cost)
    print("输出:",solution.minCostClimbingStairs(cost))
```

4. 运行结果

```
输入: [1, 100, 1, 1, 1, 100, 1, 1, 100, 1]
输出: 6
```

▶例80 中心索引

1. 问题描述

给定一个整数数组 nums,编写一个返回此数组"中心索引"的方法。中心索引左边的数字之和等于右边的数字之和。

如果不存在这样的中心索引,返回−1。如果有多个中心索引,则返回最左侧的那个。

2. 问题示例

输入 nums ＝ [1,7,3,6,5,6],输出3,表示索引3(nums[3] ＝ 6)左侧所有数字之和等于右侧数字之和,并且3是满足条件的第1个索引。

3. 代码实现

```python
class Solution(object):
    def pivotIndex(self, nums):
        left, right = 0, sum(nums)
        for index, num in enumerate(nums):
            right -= num
            if left == right:
                return index
            left += num
        return -1
if __name__ == '__main__':
    solution = Solution()
    words = [1,7,3,6,5,6]
    print(solution.pivotIndex(words))
```

4. 运行结果

```
输入: [1, 7, 3, 6, 5, 6]
输出: 3
```

▶例81 词典中最长的单词

1. 问题描述

给出一系列字符串单词,表示一个英语词典,找到字典中最长的单词,这些单词可以通过字典中其他单词每次增加一个字母构成。如果有多个可能的答案,则返回字典顺序最小的那个。如果没有答案,则返回空字符串。

2. 问题示例

输入 words ＝ ["w","wo","wor","worl", "world"],输出"world",单词"world"可以通过 "w"、"wo"、"wor"和"worl"每次增加一个字母构成。

输入 words ＝ ["a", "banana", "app", "appl", "ap", "apply", "apple"],输出"apple",

单词"apply"和"apple"都能够通过字典里的其他单词构成。但是，"apple"的字典序比"apply"小。

输入中的所有字符串只包含小写字母，words 的长度范围为[1，1000]，words[i] 的长度范围为[1，30]。

3. 代码实现

```python
class Solution(object):
    def longestWord(self, words):
        words.sort()
        words.sort(key = len, reverse = True)
        res = []
        for word in words:
            temp = word
            i = 1
            for i in range(len(temp)):
                if temp[:len(temp) - i] in words:
                    if i == len(temp) - 1:
                        return temp
                    continue
                else:
                    break
        return ''
if __name__ == '__main__':
    solution = Solution()
    words = ["w","wo","wor","worl", "world"]
    print("输入字典:",words)
    print("输出单词:",solution.longestWord(words))
```

4. 运行结果

```
输入字典: ['w', 'wo', 'wor', 'worl', 'world']
输出单词: world
```

▶例 82   重复字符串匹配

1. 问题描述

给定两个字符串 A 和 B，找到 A 必须重复的最小次数，以使得 B 是它的子字符串。如果没有这样的解决方案，返回−1。

2. 问题示例

输入 A = "abcd"，B = "cdabcdab"，输出 3，因为将 A 重复 3 次以后为"abcdabcdabcd"，B 将成为它的一个子串，而如果 A 只重复 2 次("abcdabcd")，B 并非是它的一个子串。

3. 代码实现

```python
class Solution:
```

```python
#参数 A: 字符串
#参数 B: 字符串
#返回整数
def repeatedStringMatch(self, A, B):
    C = ""
    for i in range(int(len(B)/len(A) + 3)):
        if B in C:
            return i
        C += A
    return -1
if __name__ == '__main__':
    solution = Solution()
    A = "abcd"
    B = "cdabcdab"
    print("输入字符串 A:",A)
    print("输入字符串 B:",B)
    print("需要重复次数:",solution.repeatedStringMatch(A,B))
```

4．运行结果

```
输入字符串 A: abcd
输入字符串 B: cdabcdab
需要重复次数: 3
```

▶ 例83　不下降数组

1．问题描述

一个数组中,如果 $array[i] \leqslant array[i+1]$ 对于每一个 i($1 \leqslant i < n$)都成立则该数组是不下降的。给定一个包含 n 个整数的数组,检测在改变至多1个元素的情况下,它是否可以变成不下降的。

2．问题示例

输入$[4,2,3]$,输出 True,因为可以把第1个4修改为1,从而得到一个不下降数组。输入$[4,2,1]$,输出 False,因为在修改至多1个元素的情况下,无法得到一个不下降数组。

3．代码实现

```python
class Solution:
    #参数 nums: 数组
    #返回布尔类型
    def checkPossibility(self, nums):
        count = 0
        for i in range(1, len(nums)):
            if nums[i] < nums[i - 1]:
                count += 1
                if i >= 2 and nums[i] < nums[i - 2]:
```

```
                    nums[i] = nums[i - 1]
                else:
                    nums[i - 1] = nums[i]
        return count <= 1
if __name__ == '__main__':
    solution = Solution()
    nums = [4, 2, 3]
    print("输入:", nums)
    print("输出:", solution.checkPossibility(nums))
```

4. 运行结果

输入: [4, 2, 3]
输出: True

▶ 例 84   最大的回文乘积

1. 问题描述

找到由两个 n 位数字的乘积构成的最大回文数。由于结果可能非常大,返回最大的回文数以 1337 取模。

2. 问题示例

输入 2,输出 987,即 99×91＝9009,9009 以 1337 取模为 987。

3. 代码实现

```
class Solution:
    # 参数 n: 整数
    # 返回整数
    def largestPalindrome(self, n):
        if n == 1:
            return 9
        elif n == 7:
            return 877
        elif n == 8:
            return 475
        maxNum, minNum = 10 ** n - 1, 10 ** (n - 1)
        for i in range(maxNum, minNum, -1):
            candidate  = str(i)
            candidate  = candidate  + candidate[::-1]
            candidate  = int(candidate)
            j = maxNum
            while j * j > candidate:
                if candidate  % j == 0:
                    return candidate  % 1337
                j -= 1
    # 主函数
```

```
if __name__ == '__main__':
    s = Solution()
    n = 2
    print("输入:",n)
    print("输出:",s.largestPalindrome(n))
```

4. 运行结果

输入: 2
输出: 987

▶例 85 补数

1. 问题描述

给定一个正整数,输出它的补数。补数是将原数字的二进制形式按位取反,再转回十进制后得到的新数。

2. 问题示例

输入 5,输出 2。因为 5 的二进制形式为 101(不包含前导零),补数为 010,所以输出 2。

3. 代码实现

```
class Solution:
    #参数 num: 整数
    #返回整数
    def findComplement(self, num):
        return num ^ ((1 << num.bit_length()) - 1)
#主函数
if __name__ == '__main__':
    s = Solution()
    n = 5
    print("输入:",n)
    print("输出:",s.findComplement(n))
```

4. 运行结果

输入: 5
输出: 2

▶例 86 加热器

1. 问题描述

设计一个具有固定加热半径的加热器。已知所有房屋和加热器所处的位置,它们均分布在一条水平线上。找出最小的加热半径,使得所有房屋都处在至少一个加热器的加热范围内。输入是所有房屋和加热器所处的位置,输出为加热器最小的加热半径。

2. 问题示例

输入房屋位置为[1,2,3]，加热器位置为[2]，输出半径为 1，因为唯一的一个加热器被放在 2 的位置，那么只要加热半径为 1，加热范围就能覆盖到所有房屋了。

3. 代码实现

```
class Solution:
    # 参数 houses: 数组
    # 参数 heaters: 整数
    # 返回整数
    def findRadius(self, houses, heaters):
        heaters.sort()
        ans = 0
        for house in houses:
            ans = max(ans, self.closestHeater(house, heaters))
        return ans
    def closestHeater(self, house, heaters):
        start = 0
        end = len(heaters) - 1
        while start + 1 < end:
            m = start + (end - start) // 2
            if heaters[m] == house:
                return 0
            elif heaters[m] < house:
                start = m
            else:
                end = m
        return min(abs(house - heaters[start]), abs(heaters[end] - house))
# 主函数
if __name__ == '__main__':
    s = Solution()
    n = [1,2,3]
    m = [2]
    print("输入房间位置:", n)
    print("输入加热器位置:", m)
    print("输出加热半径:", s.findRadius(n, m))
```

4. 运行结果

```
输入房间位置: [1, 2, 3]
输入加热器位置: [2]
输出加热半径: 1
```

▶ 例 87　将火柴摆放成正方形

1. 问题描述

判断是否可以利用所有火柴棍制作一个正方形。不破坏任何火柴棍，将它们连接起来，并且每个火柴棍必须使用一次。输入是火柴棍的长度,输出为真或假,表示是否可以制作一个正方形。

2．问题示例

输入火柴棍的长度[1,1,2,2,2],输出 True,因为用 3 个长度为 2 的火柴棍形成 3 个边,用 2 个长度为 1 的火柴棍作为第 4 个边,能够组成正方形。

3．代码实现

```
class Solution:
    #参数 nums: 数组
    #返回布尔类型
    def makesquare(self, nums):
        def dfs(nums, pos, target):
            if pos == len(nums):
                return True
            for i in range(4):
                if target[i] >= nums[pos]:
                    target[i] -= nums[pos]
                    if dfs(nums, pos + 1, target):
                        return True
                    target[i] += nums[pos]
            return False
        if len(nums) < 4 :
            return False
        numSum = sum(nums)
        nums.sort(reverse = True)
        if numSum % 4 != 0:
            return False
        target = [numSum / 4] * 4;
        return dfs(nums, 0, target)
#主函数
if __name__ == '__main__':
    s = Solution()
    n = [1,1,2,2,2]
    print("输入:",n)
    print("输出:",s.makesquare(n))
```

4．运行结果

输入:[1, 1, 2, 2, 2]
输出:True

▶例88 可怜的猪

1．问题描述

在 1000 个桶中仅有 1 个桶里面装了毒药,其他装的是水。这些桶从外面看上去完全相同。如果一头猪喝了毒药,它将在 15 分钟内死去。在 1 个小时内,至少需要多少头猪才能判断出哪一个桶里装的是毒药呢? 设计实现一个算法进行处理。

2. 问题示例

输入 buckets = 1000,minutesToDie = 15,minutesToTest = 60,输出 5。一头猪在测试时间内有 5 种情况,15 分钟时死亡,30 分钟时死亡,45 分钟时死亡,60 分钟时死亡,60 分钟时存活,因此一头猪最多可以判断 5 桶水。两头猪则最多可以判断 25 桶水,将 25 桶水进行二维矩阵 xy 坐标编码,每行分别混合,产生 5 桶水,一头猪求毒药的 x 坐标;同理每列分别混合产生 5 桶水,另一头猪求毒药的 y 坐标。同理可知,n 头猪最多可以判断 5^n 桶水。

3. 代码实现

```python
class Solution:
    # 参数 buckets: 整数
    # 参数 minutesToDie: 整数
    # 参数 minutesToTest: 整数
    返回整数
    def poorPigs(self, buckets, minutesToDie, minutesToTest):
        pigs = 0
        while (minutesToTest / minutesToDie + 1) ** pigs < buckets:
            pigs += 1
        return pigs
# 主函数
if __name__ == '__main__':
    s = Solution()
    n = 1000
    m = 15
    p = 60
    print("输入总桶数:",n)
    print("输入中毒时间:",m)
    print("输入测试时间:",p)
    print("输出:",s.poorPigs(n,m,p))
```

4. 运行结果

```
输入总桶数: 1000
输入中毒时间: 15
输入测试时间: 60
输出: 5
```

▶ 例 89   循环数组中的环

1. 问题描述

一个数组包含正整数和负整数。如果某个位置为正整数 n,从这个位置出发正向(向右)移动 n 步;反之,如果某个位置为负整数 $-n$,则从这个位置出发反向(向左)移动 n 步。

数组被视为首尾相连的,即第 1 个元素视为在最后一个元素的右边,最后一个元素视为在第 1 个元素的左边。判断其中是否包含环,即从某一个确定的位置出发,在经过若干次移动后仍能回到这个位置。环必须包含 1 个以上的元素,且必须是单向(不是正向就是反向)移动的。

2. 问题示例

输入$[2, -1, 1, 2, 2]$,输出 True,表示存在一个环,其下标可以表示为 $0->2->3->0$。

3. 代码实现

```python
class Solution:
    # 参数 nums: 数组
    # 返回布尔类型
    def get_index(self, i, nums):
        n = (i + nums[i]) % len(nums)
        return n if n >= 0 else n + len(nums)
    def circularArrayLoop(self, nums):
        for i in range(len(nums)):
            if nums[i] == 0:
                continue
            j, k = i, self.get_index(i, nums)
            while nums[k] * nums[i] > 0 and nums[self.get_index(k, nums)] * nums[i] > 0:
                if j == k:
                    if j == self.get_index(j, nums):
                        break
                    return True
                j = self.get_index(j, nums)
                k = self.get_index(self.get_index(k, nums), nums)
            j = i
            while nums[j] * nums[i] > 0:
                next = self.get_index(j, nums)
                nums[j] = 0
                j = next

        return False
# 主函数
if __name__ == '__main__':
    s = Solution()
    n = [2, -1, 1, 2, 2]
    print("输入:", n)
    print("输出:", s.circularArrayLoop(n))
```

4. 运行结果

输入: [2, -1, 1, 2, 2]
输出: True

▶ 例 90   分饼干

1. 问题描述

给每个孩子至多分 1 块饼干,每块饼干都有一个尺寸,同时每一个孩子都有一个贪吃指数,代表满足最小尺寸的饼干。如果饼干尺寸大于孩子的贪吃指数,那么就可以将饼干分给该孩子使他得到满足。目标是使最多的孩子得到满足,输出能够满足孩子数的最大值。

2. 问题示例

输入孩子的贪吃指数为[1,2,3],输入饼干的尺寸为[1,1],输出为 1。因为 3 个孩子的贪吃指数为 1、2、3,2 块饼干的尺寸均为 1,只能有 1 个孩子得到满足。

3. 代码实现

```python
class Solution(object):
    def findContentChildren(self, g, s):
        #参数 g: 整数列表
        #参数 s: 整数列表
        #返回整型
        g.sort()
        s.sort()
        i, j = 0, 0
        while i < len(g) and j < len(s):
            if g[i] <= s[j]:
                i += 1
            j += 1
        return i
#主函数
if __name__ == '__main__':
    s = Solution()
    n = [1,2,3]
    m = [1,1]
    print("输入贪吃指数:",n)
    print("输入饼干尺寸:",m)
    print("输出:",s.findContentChildren(n,m))
```

4. 运行结果

```
输入贪吃指数: [1, 2, 3]
输入饼干尺寸: [1, 1]
输出: 1
```

▶ 例 91   翻转字符串中的元音字母

1. 问题描述

写一个方法,输入给定字符串,翻转字符串中的元音字母。

2. 问题示例

输入 s = "hello",输出"holle"。

3. 代码实现

```python
class Solution:
    """
    参数 s: 字符串
    返回字符串
    """
    def reverseVowels(self, s):
        vowels = set(["a", "e", "i", "o", "u", "A", "E", "I", "O", "U"])
        res = list(s)
        start, end = 0, len(res) - 1
        while start <= end:
            while start <= end and res[start] not in vowels:
                start += 1
            while start <= end and res[end] not in vowels:
                end -= 1
            if start <= end:
                res[start], res[end] = res[end], res[start]
                start += 1
                end -= 1
        return "".join(res)
# 主函数
if __name__ == '__main__':
    s = Solution()
    x = "hello"
    print("输入:",x)
    print("输出:",s.reverseVowels(x))
```

4. 运行结果

```
输入: hello
输出: holle
```

▶ 例92 翻转字符串

1. 问题描述

写一个方法,输入给定字符串,返回将这个字符串的字母逐个翻转后的新字符串。

2. 问题示例

输入 hello,输出 olleh。

3. 代码实现

```python
class Solution:
    """
    参数 s: 字符串
```

```
        返回字符串
        """
    def reverseString(self, s):
        return s[::-1]
# 主函数
if __name__ == '__main__':
    s = Solution()
    x = "hello"
    print("输入:",x)
    print("输出:",s.reverseString(x))
```

4. 运行结果

输入: hello
输出: olleh

▶ 例 93   使数组元素相同的最少步数

1. 问题描述

给定一个大小为 n 的非空整数数组,找出使得数组中所有元素相同的最少步数。其中一步被定义为将数组中 $n-1$ 个元素加 1。

2. 问题示例

输入 $[1,2,3]$,输出 3,因为每一步将其中 2 个元素加 1,$[1,2,3]=>[2,3,3]=>[3,4,3]=>[4,4,4]$,只需要 3 步即可。

3. 代码实现

```
class Solution(object):
    def minMoves(self, nums):
        # 参数 nums: 整数列表
        # 返回整数
        sumNum = sum(nums)
        minNum = min(nums)
        return sumNum - minNum * len(nums)
# 主函数
if __name__ == '__main__':
    s = Solution()
    n = [1,2,3]
    print("输入:",n)
    print("输出:",s.minMoves(n))
```

4. 运行结果

输入: [1, 2, 3]
输出: 3

▶例94 加油站

1. 问题描述

汽车在一条笔直的道路上行驶,开始有 original 单位的汽油。这条笔直的道路上有 n 个加油站,第 i 个加油站距离汽车出发位置的距离为 distance$[i]$ 单位距离,可以给汽车加 apply$[i]$ 单位汽油。汽车每行驶 1 单位距离会消耗 1 单位的汽油。假设汽车的油箱可以装无限多的汽油,目的地距离汽车出发位置的距离为 target,请问汽车能否到达目的地,如果可以,返回最少的加油次数,否则返回 -1。

2. 问题示例

给出 target $= 25$,original $= 10$,distance $= [10,14,20,21]$,apply $= [10,5,2,4]$,返回 2,因为需要在第 1 个和第 2 个加油站加油。给出 target $= 25$,original $= 10$,distance $= [10,14,20,21]$,apply $= [1,1,1,1]$,返回 -1,表示汽车无法到达目的地。

3. 代码实现

```
# 参数 distance: 每个加油站距汽车出发位置的距离
# 参数 apply: 每个加油站的加油量
# 参数 original: 开始的汽油量
# 参数 target: 需要开的距离
# 返回值: 整数,代表至少需要加油的次数
class Solution:
    def getTimes(self, target, original, distance, apply):
        import queue
        que = queue.PriorityQueue()
        ans, pre = 0, 0
        if(target > distance[len(distance) - 1]):
            distance.append(target)
            apply.append(0)
        cap = original
        for i in range(len(distance)):
            if(distance[i] >= target):
                distance[i] = target
            d = distance[i] - pre
            while(cap < d and que.qsize() != 0):
                cap += (que.get()[1])
                ans += 1
            if (d <= cap):
                cap -= d
            else:
                ans = -1
                break
            que.put((-apply[i], apply[i]))
            pre = distance[i]
```

```
            if(pre == target):
                break
        return ans
if __name__ == '__main__':
    target = 25
    original = 10
    distance = [10,14,20,21]
    apply = [10,5,2,4]
    solution = Solution()
    print(" 每个加油站距汽车出发位置的距离分别:", distance)
    print(" 每个加油站的加油量:", apply)
    print(" 一开始有汽油:", original)
    print(" 需要开的距离:", target)
    print(" 至少需要加油次数:", solution.getTimes(target, original, distance, apply))
```

4. 运行结果

```
每个加油站距汽车出发位置的距离分别: [10, 14, 20, 21]
每个加油站的加油量: [10, 5, 2, 4]
一开始有汽油: 10
需要开的距离: 25
至少需要加油次数: 2
```

▶例 95　春游

1. 问题描述

有 n 组小朋友准备去春游,数组 a 表示每一组的人数,保证每一组不超过 4 个人。现在有若干辆车,每辆车最多只能坐 4 个人,同一组的小朋友必须坐在同一辆车上,同时每辆车可以不坐满,问最少需要多少辆车才能满足小朋友们的出行需求。

2. 问题示例

给定 a = [1,2,3,4],意为有 4 个组,每个组分别有 1、2、3、4 个小朋友,输出为 3,具体方案为第 1 与第 3 组拼车,其他组各自组一辆车。给定 a = [1,2,2,2],意为有 4 个组,每个组分别有 1、2、2、2 个小朋友,输出为 2,具体方案为第 1 与第 2 组拼车,第 3、4 组拼车。

3. 代码实现

```
# 参数 a: 小朋友组链
# 返回值:整数,表示至少需要多少辆车
class Solution:
    def getAnswer(self, a):
        count = [0 for i in range(0, 5)]
        for i in range(0, len(a)):
            count[a[i]] = count[a[i]] + 1
        count[1] = count[1] - count[3]
        if count[2] % 2 == 1:
```

```
            count[2] = count[2] + 1
            count[1] = count[1] - 2
        res = count[4] + count[3] + count[2] / 2
        if count[1] > 0:
            res = res + count[1] / 4
            if not count[1] % 4 == 0:
                res = res + 1
        return int(res)
if __name__ == '__main__':
    a = [1,2,3,4]
    solution = Solution()
    print(" 小朋友分组:", a)
    print(" 至少需要:", solution.getAnswer(a), "辆车")
```

4. 运行结果

```
小朋友分组: [1,2,3,4]
至少需要: 3 辆车
```

▶例96 合法数组

1. 问题描述

如果数组中只包含 1 个出现了奇数次的数,那么数组合法,否则数组不合法。输入一个只包含正整数的数组 a,判断该数组是否合法,如果合法返回出现奇数次的数,否则返回-1。

2. 问题示例

输入 a=[1,1,2,2,3,4,4,5,5],输出 3,因为该数组只有 3 出现了奇数次,数组合法,返回 3。输入 a=[1,1,2,2,3,4,4,5],输出-1,因为该数组中 3 和 5 都出现了奇数次,因此数组不合法,返回-1。

3. 代码实现

```
# 参数 a: 待查数组
# 返回值: 数值,代表出现奇数次的值或者数组不合法
class Solution:
    def isValid(self, a):
        countSet = {}
        for i in a:
            if i in countSet:
                countSet[i] = countSet[i] + 1
            else:
                countSet[i] = 1
        isHas = False
        for key in countSet:
            if countSet[key] % 2 == 1:
```

```
                    if isHas:
                        return -1
                    else:
                        isHas = True
                        ans = key
            if isHas:
                return ans
            return -1
if __name__ == '__main__':
    a = [1,1,2,2,3,3,4,4,5,5]
    solution = Solution()
    print(" 数组:", a)
    ans = solution.isValid(a)
    print(" 数组奇数个的值:" if ans != -1 else " 数组不合法", ans)
```

4. 运行结果

```
数组: [1, 1, 2, 2, 3, 3, 4, 4, 5, 5]
数组奇数个的值: 数组不合法: -1
```

▶ 例 97　删除排序数组中的重复数字

1. 问题描述

给定一个排序数组,删除其中的重复元素,使得每个数字最多出现 2 次,返回新的数组的长度。如果一个数字出现超过 2 次,则保留最后 2 个。

2. 问题示例

输入[1,1,1,2,2,3],输出 5,表示新数组长度为 5,新数组为[1,1,2,2,3]。

3. 代码实现

```
class Solution:
    # 参数 A: 整数列表
    # 返回值: 整数
    def removeDuplicates(self, A):
        B = []
        before = None
        countb = 0
        for number in A:
            if(before != number):
                B.append(number)
                before = number
                countb = 1
            elif countb < 2:
                B.append(number)
                countb += 1
        p = 0
```

```
        for number in B:
            A[p] = number
            p += 1
        return p
#主函数
if __name__ == '__main__':
    solution = Solution()
    A = [1,1,1,2,2,3]
    p = solution.removeDuplicates(A)
    print("输入:", A)
    print("输出:", p)
```

4. 运行结果

```
输入: [1, 1, 2, 2, 3, 3]
输出: 5
```

▶例98 字符串的不同排列

1. 问题描述

给定一个字符串,找出它的所有排列,注意同一个字符串只能出现一次。

2. 问题示例

输入"abb",输出["abb","bab","bba"]。输入 "aabb",输出["aabb","abab", "baba","bbaa","abba","baab"]。

3. 代码实现

```
class Solution:
    #参数 str: 一个字符串
    #返回值: 所有排列
    def stringPermutation2(self, str):
        result = []
        if str == '':
            return ['']
        s = list(str)
        s.sort()
        while True:
            result.append(''.join(s))
            s = self.nextPermutation(s)
            if s is None:
                break
        return result
    def nextPermutation(self, num):
        n = len(num)
        i = n - 1
        while i >= 1 and num[i - 1] >= num[i]:
```

```
                i -= 1
            if i == 0: return None
            j = n - 1
            while j >= 0 and num[j] <= num[i - 1]:
                j -= 1
            num[i - 1], num[j] = num[j], num[i - 1]
            num[i:] = num[i:][::-1]
            return num
# 主函数
if __name__ == '__main__':
    solution = Solution()
    s1 = "aabb"
    ans = solution.stringPermutation2(s1)
    print("输入:", s1)
    print("输出:", ans)
```

4. 运行结果

输入: aabb
输出: ['aabb', 'abab', 'abba', 'baab', 'baba', 'bbaa']

▶ 例 99   全排列

1. 问题描述

给定一个数字列表,返回其所有可能的排列。

2. 问题示例

输入[1],输出[[1]];输入[1,2,3],输出[[1,2,3], [1,3,2], [2,1,3], [2,3,1], [3,1,2], [3,2,1]]。

3. 代码实现

```
class Solution:
    # 参数 nums: 一个整数列表
    # 返回值: 排列后的列表
    def permute(self, nums):
        def _permute(result, temp, nums):
            if nums == []:
                result += [temp]
            else:
                for i in range(len(nums)):
                    _permute(result, temp + [nums[i]], nums[:i] + nums[i + 1:])
        if nums is None:
            return []
        if nums is []:
            return [[]]
        result = []
```

```
        _permute(result, [], sorted(nums))
        return result
# 主函数
if __name__ == '__main__':
    nums = [1,2,3]
    solution = Solution()
    result = solution.permute(nums)
    print("输入:", nums)
    print("输出:", result)
```

4. 运行结果

输入: [1, 2, 3]
输出: [[1, 2, 3], [1, 3, 2], [2, 1, 3], [2, 3, 1], [3, 1, 2], [3, 2, 1]]

▶ 例100 带重复元素的排列

1. 问题描述

给出一个含有重复数字的列表，找出列表所有的排列。

2. 问题示例

输入[1,1]，输出[[1,1]]；输入[1,2,2]，输出[[1,2,2], [2,1,2], [2,2,1]]。

3. 代码实现

```
class Solution:
    # 参数 nums: 整数数组
    # 返回值: 唯一排列的列表
    def permuteUnique(self, nums):
        def _permute(result, temp, nums):
            if nums == []:
                result += [temp]
            else:
                for i in range(len(nums)):
                    if i > 0 and nums[i] == nums[i - 1]:
                        continue
                    _permute(result, temp + [nums[i]], nums[:i] + nums[i + 1:])
        if nums is None:
            return []
        if len(nums) == 0:
            return [[]]
        result = []
        _permute(result, [], sorted(nums))
        return result
# 主函数
if __name__ == '__main__':
    solution = Solution()
```

```
nums = [1,2,2]
result = solution.permuteUnique(nums)
print("输入:", nums)
print("输出:", result)
```

4. 运行结果

输入: [1, 2, 2]
输出: [[1, 2, 2], [2, 1, 2], [2, 2, 1]]

第 2 章

提高 200 例

▶ 例 101　插入区间

1. 问题描述

给出一个无重叠、按照区间起始端点排序的列表。在列表中插入一个新的区间,确保列表中的区间仍然有序且不重叠(如果有必要,可以合并区间)。

2. 问题示例

输入(2,5),插入[(1,2),(5,9)],输出[(1,9)];输入(3,4),插入[(1,2),(5,9)],输出[(1,2),(3,4),(5,9)]。

3. 代码实现

```
class Interval(object):
    def __init__(self, start, end):
        self.start = start
        self.end = end
    def get(self):
        str1 = "(" + str(self.start) + "," + str(self.end) + ")"
        return str1
    def equals(self, Intervalx):
        if self.start == Intervalx.start and self.end == Intervalx.end:
            return 1
        else:
            return 0
class Solution:
    #参数 intevals: 已排序的非重叠区间列表
    #参数 newInterval: 新的区间
    #返回值: 一个新的排序非重叠区间列表与新的区间
    def insert(self, intervals, newInterval):
        results = []
        insertPos = 0
        for interval in intervals:
            if interval.end < newInterval.start:
                results.append(interval)
```

```
                    insertPos += 1
              elif interval.start > newInterval.end:
                    results.append(interval)
              else:
                    newInterval.start = min(interval.start, newInterval.start)
                    newInterval.end = max(interval.end, newInterval.end)
          results.insert(insertPos, newInterval)
          return results
# 主函数
if __name__ == '__main__':
      solution = Solution()
      interval1 = Interval(1,2)
      interval2 = Interval(5,9)
      interval3 = Interval(2,5)
      results = solution.insert([interval1,interval2], interval3)
      print("输入:[",interval1.get(),",", interval2.get(),"]","", interval3.get())
      print("输出:[", results[0].get(), "]")
```

4. 运行结果

输入: [(1,2) , (5,9)] (2,5)
输出: [(1,9)]

▶ 例 102 n 皇后问题

1. 问题描述

根据 n 皇后问题,返回 n 皇后不同解决方案的数量,而不是具体的放置布局。

2. 问题示例

输入 $n=4$,输出 2,两种方案如下。

第 1 种方案:

0 0 1 0

1 0 0 0

0 0 0 1

0 1 0 0

第 2 种方案:

0 1 0 0

0 0 0 1

1 0 0 0

0 0 1 0

3. 代码实现

```
class Solution:
```

```
＃参数 n: 皇后的数量
＃返回值: 不同解的总数
total = 0
n = 0
def attack(self, row, col):
    for c, r in self.cols.items():
        if c - r == col - row or c + r == col + row:
            return True
    return False
def search(self, row):
    if row == self.n:
        self.total += 1
        return
    for col in range(self.n):
        if col in self.cols:
            continue
        if self.attack(row, col):
            continue
        self.cols[col] = row
        self.search(row + 1)
        del self.cols[col]
def totalNQueens(self, n):
    self.n = n
    self.cols = {}
    self.search(0)
    return self.total
＃主函数
if __name__ == '__main__':
    solution = Solution()
    solution.totalNQueens(4)
    print("输入:", solution.n)
    print("输出:", solution.total)
```

4. 运行结果

输入: 4
输出: 2

▶ 例 103　主元素

1. 问题描述

给定一个整型数组,找到主元素,该主元素在数组中的出现次数大于数组元素个数的 1/3。

2. 问题示例

输入[99,2,99,2,99,3,3],输出 99; 输入[1, 2, 1, 2, 1, 3, 3],输出 1。

3. 代码实现

```python
class Solution:
    # 参数 nums: 整数数组
    # 返回值: 主元素
    def majorityNumber(self, nums):
        nums.sort()
        i = 0;j = 0
        while i <= len(nums):
            j = nums.count(nums[i])
            if j > len(nums)//3:
                return nums[i]
            i += j
        return
# 主函数
if __name__ == '__main__':
    solution = Solution()
    nums = [99,2,99,2,99,3,3]
    n = solution.majorityNumber(nums)
    print("输入:", "[99,2,99,2,99,3,3]")
    print("输出:", n)
```

4. 运行结果

```
输入: [99,2,99,2,99,3,3]
输出: 99
```

▶ 例 104   字符大小写排序

1. 问题描述

给定一个只包含字母的字符串,按照先小写字母后大写字母的顺序进行排序。

2. 问题示例

输入"abAcD",输出"abcAD";输入"ABC",输出"ABC"。

3. 代码实现

```python
class Solution:
    # 参数 chars: 需要排序的字母数组
    def sortLetters(self, chars):
        chars.sort(key = lambda c: c.isupper())
# 主函数
if __name__ == '__main__':
    solution = Solution()
    str1 = "abAcD"
    arr = list(str1)
    solution.sortLetters(arr)
```

```
print("输入:", str1)
print("输出:", ''.join(arr))
```

4. 运行结果

输入：abAcD

输出：abcAD

▶例 105   上一个排列

1. 问题描述

给定一个整数数组表示排列，找出以字典为顺序的上一个排列。

2. 问题示例

输入[1,3,2,3],输出[1,2,3,3]；输入[1,2,3,4],输出[4,3,2,1]。

3. 代码实现

```
class Solution:
    # 参数 num: 整数列表
    # 参数: 整数列表
    def previousPermuation(self, num):
        for i in range(len(num) - 2, -1, -1):
            if num[i] > num[i + 1]:
                break
            else:
                num.reverse()
                return num
        for j in range(len(num) - 1, i, -1):
            if num[j] < num[i]:
                num[i], num[j] = num[j], num[i]
                break
        for j in range(0, (len(num) - i)//2):
            num[i + j + 1], num[len(num) - j - 1] = num[len(num) - j - 1], num[i + j + 1]
        return num
# 主函数
if __name__ == '__main__':
    solution = Solution()
    num = [1, 3, 2, 3]
    num1 = solution.previousPermuation(num)
    print("输入:", "[1,3,2,3]")
    print("输出:", num1)
```

4. 运行结果

输入：[1,3,2,3]

输出：[1, 2, 3, 3]

▶ 例 106   下一个排列

1. 问题描述

给定一个整数数组表示排列, 找出以字典为顺序的下一个排列。

2. 问题示例

输入[1,3,2,3], 输出[1,3,3,2]; 输入[4,3,2,1], 输出[1,2,3,4]。

3. 代码实现

```python
class Solution:
    # 参数 num: 整数列表
    # 返回值: 整数列表
    def nextPermutation(self, num):
        for i in range(len(num) - 2, -1, -1):
            if num[i] < num[i + 1]:
                break
        else:
            num.reverse()
            return num
        for j in range(len(num) - 1, i, -1):
            if num[j] > num[i]:
                num[i], num[j] = num[j], num[i]
                break
        for j in range(0, (len(num) - i)//2):
            num[i + j + 1], num[len(num) - j - 1] = num[len(num) - j - 1], num[i + j + 1]
        return num
# 主函数
if __name__ == '__main__':
    solution = Solution()
    num = [1,3,2,3]
    num1 = solution.nextPermutation(num)
    print("输入:", "[1, 3, 2, 3]")
    print("输出:", num1)
```

4. 运行结果

```
输入: [1, 3, 2, 3]
输出: [1, 3, 3, 2]
```

▶ 例 107   二叉树的层次遍历

1. 问题描述

给出一棵二叉树, 返回其节点值, 自底向上的层次遍历, 即按从叶节点所在层到根节点所在层遍历, 然后逐层从左向右遍历。

2. 问题示例

输入{1,2,3},输出[[2,3],[1]],如下二叉树从底层开始遍历。

输入{3,9,20,♯,♯,15,7},输出[[15,7]，[9,20]，[3]],如下二叉树从底层开始
遍历。

3. 代码实现

```
class TreeNode:
    def __init__(self, val = None, left = None, right = None):
        self.val = val
        self.left = left                        #左子树
        self.right = right                      #右子树
class Solution:
    #参数 root: 二叉树的根
    #返回值: 自底向上的层次遍历
    def levelOrderBottom(self, root):
        self.results = []
        if not root:
            return self.results
        q = [root]
        while q:
            new_q = []
            self.results.append([n.val for n in q])
            for node in q:
                if node.left:
                    new_q.append(node.left)
                if node.right:
                    new_q.append(node.right)
            q = new_q
        return list(reversed(self.results))
#主函数
if __name__ == '__main__':
    solution = Solution()
    root = TreeNode(1,TreeNode(2),TreeNode(3))
    results = solution.levelOrderBottom(root)
    print("输入: {1,2,3}")
    print("输出:", results)
```

4. 运行结果

输入: {1,2,3}
输出: [[2, 3], [1]]

▶ 例 108　最长公共子串

1. 问题描述

给出两个字符串, 找到最长公共子串, 并返回其长度。

2. 问题示例

输入"ABCD"和"CBCE", 输出 2, 最长公共子串是"BC"。输入"ABCD"和"EACB", 输出 1, 最长公共子串是'A'或'C'或'B'。

3. 代码实现

```
class Solution:
    #参数 A, B: 两个字符串
    #返回值: 最长公共子串的长度
    def longestCommonSubstring(self, A, B):
        ans = 0
        for i in range(len(A)):
            for j in range(len(B)):
                l = 0
                while i + l < len(A) and j + l < len(B) \
                    and A[i + l] == B[j + l]:
                    l += 1
                if l > ans:
                    ans = l
        return ans
#主函数
if __name__ == '__main__':
    solution = Solution()
    A = "ABCD"
    B = "CBCE"
    ans = solution.longestCommonSubstring(A, B)
    print("输入:","A = ",A,"B = ",B)
    print("输出:", ans)
```

4. 运行结果

```
输入: A = ABCD B = CBCE
输出: 2
```

▶ 例 109　最近公共祖先

1. 问题描述

最近公共祖先是两个节点的公共祖先节点且具有最大深度。给定一棵二叉树, 找到两个节点的最近公共父节点(LCA)。

2. 问题示例

输入给定的如下二叉树：

则 LCA(3，5) = 4，LCA(5，6) = 7，LCA(6，7) = 7。

3. 代码实现

```python
# Definition of TreeNode:
class TreeNode:
    def __init__(self, val = None, left = None, right = None):
        self.val = val
        self.left = left      # 左子树
        self.right = right    # 右子树


class Solution:
    # 参数 root: 二叉搜索树的根
    # 参数 A: 二叉树的一个节点
    # 参数 B: 二叉树的一个节点
    # 返回值: 返回两个节点的最低公共祖先(LCA)
    def lowestCommonAncestor(self, root, A, B):
        if root is None:
            return None
        if root == A or root == B:
            return root
        left_result = self.lowestCommonAncestor(root.left, A, B)
        right_result = self.lowestCommonAncestor(root.right, A, B)
        # A 和 B 一边一个
        if left_result and right_result:
            return root
        # 左子树有一个点或者左子树有 LCA
        if left_result:
            return left_result
        # 右子树有一个点或者右子树有 LCA
        if right_result:
            return right_result
        return None
# 主函数
if __name__ == '__main__':
    tree = TreeNode(4, TreeNode(3), TreeNode(7, TreeNode(5), TreeNode(6)))
    solution = Solution()
    result = solution.lowestCommonAncestor(tree, tree.left, tree.right.left)
    print("输入:{4,3,7,#,#,5,6},  LCA(3,5)")
    print("输出:", result.val)
```

4. 运行结果

```
输入：{4,3,7,♯,♯,5,6}， LCA(3,5)
输出：4
```

▶例 110　k 数和

1. 问题描述

给定 n 个不同的正整数,整数 $k(1 \leqslant k \leqslant n)$ 及一个目标数字。在这 n 个数里面找出 k 个数,使得这 k 个数的和等于目标数字。试找出所有满足要求的方案。

2. 问题示例

输入 $[1,2,3,4]$,$k = 2$,目标值为 $\text{target} = 5$,输出 $[[1,4],[2,3]]$。输入 $[1,3,4,6]$,$k = 3$,目标值为 $\text{target} = 8$,输出 $[[1,3,4]]$。

3. 代码实现

```python
class Solution:
    def kSumII(self, A, k, target):
        anslist = []
        self.dfs(A, k, target, 0, [], anslist)
        return anslist
    def dfs(self, A, k, target, index, onelist, anslist):
        if target == 0 and k == 0:
            anslist.append(onelist)
            return
        if len(A) == index or target < 0 or k < 0:
            return
        self.dfs(A, k, target, index + 1, onelist, anslist)
        self.dfs(A, k - 1, target - A[index], index + 1 , onelist + [A[index]], anslist)
# 主函数
if __name__ == '__main__':
    solution = Solution()
    A = [1,2,3,4]
    k = 2
    target = 5
    anslist = solution.kSumII(A, k, target)
    print("输入:A = [1,2,3,4]   k = 2   target = 5")
    print("输出:", anslist)
```

4. 运行结果

```
输入：A = [1,2,3,4]  k = 2  target = 5
输出：[ [1, 4],[2, 3]]
```

▶例111 有序链表转换为二分查找树

1. 问题描述
给出一个所有元素以升序排列的单链表,将它转换成一棵高度平衡的二分查找树。

2. 问题示例
例如:

1->2->3 => 2 / 1 \ 3

3. 代码实现
```python
#定义链表节点
class ListNode(object):
    def __init__(self, val, next = None):
        self.val = val
        self.next = next
#定义树节点
class TreeNode:
    def __init__(self, val):
        self.val = val
        self.left, self.right = None, None
class Solution:
    #参数 head: 链表的第1个节点
    #返回值: 树节点
    def sortedListToBST(self, head):
        num_list = []
        while head:
            num_list.append(head.val)
            head = head.next
        return self.create(num_list, 0, len(num_list) - 1)
    def create(self, nums, start, end):
        if start > end:
            return None
        if start == end:
            return TreeNode(nums[start])
        root = TreeNode(nums[(start + end) // 2])
        root.left = self.create(nums, start, (start + end) // 2 - 1) #注意是-1
        root.right = self.create(nums, (start + end) // 2 + 1, end)
        return root
#主函数
if __name__ == '__main__':
    solution = Solution()
    listnode = ListNode(1, ListNode(2, ListNode(3)))
    root = solution.sortedListToBST(listnode)
```

```
print("输入：1 = > 2 = > 3")
print("输出：", "{", root.val, root.left.val, root.right.val, "}")
```

4. 运行结果

```
输入：1 = > 2 = > 3
输出：{ 2 1 3 }
```

▶ 例 112   最长连续序列

1. 问题描述

给定一个未排序的整数数组，找出最长连续序列的长度。

2. 问题示例

给出数组[100，4，200，1，3，2]，其中最长的连续序列是[1，2，3，4]，返回其长度 4。

3. 代码实现

```python
class Solution:
    # 参数 num：整数数组
    # 返回值：整数
    def longestConsecutive(self, num):
        dict = {}
        for x in num:
            dict[x] = 1
        ans = 0
        for x in num:
            if x in dict:
                len = 1
                del dict[x]
                l = x - 1
                r = x + 1
                while l in dict:
                    del dict[l]
                    l -= 1
                    len += 1
                while r in dict:
                    del dict[r]
                    r += 1
                    len += 1
                if ans < len:
                    ans = len
        return ans
# 主函数
if __name__ == '__main__':
    solution = Solution()
    num = [100, 4, 200, 1, 3, 2]
```

```
ans = solution.longestConsecutive(num)
print("输入:", num)
print("输出:", ans)
```

4. 运行结果

```
输入: [100, 4, 200, 1, 3, 2]
输出: 4
```

▶例113　背包问题1

1. 问题描述

给出 n 个物品的体积 $A[i]$ 及其价值 $V[i]$,将它们装入一个大小为 m 的背包,最多能装入物品的总价值有多少?

2. 问题示例

对于物品体积$[2,3,5,7]$和对应的价值$[1,5,2,4]$,假设背包体积大小为 10,最大能够装入的价值为 9,也就是体积为 3 和 7 的物品。

3. 代码实现

```
class Solution:
    # 参数 m: 整数 m 表示背包的大小
    # 参数 A: 物品体积大小为 A[i]
    # 参数 V: 物品价值为 V[i]
    def backPackII(self, m, A, V):
        f = [0 for i in range(m + 1)]
        n = len(A)
        for i in range(n):
            for j in range(m, A[i] - 1, - 1):
                f[j] = max(f[j], f[j - A[i]] + V[i])
        return f[m]
# 主函数
if __name__ == '__main__':
    solution = Solution()
    m = 100
    A = [77,22,29,50,99]
    V = [92,22,87,46,90]
    result = solution.backPackII(m, A, V)
    print("输入:\n","m = ",m, "\n A = ", A, "\n V = ",V)
    print("输出:", result)
```

4. 运行结果

```
输入:
m = 100
A = [77, 22, 29, 50, 99]
```

```
V = [92, 22, 87, 46, 90]
输出：133
```

▶例114　拓扑排序

1. 问题描述

给定一个有向图，图节点的拓扑排序定义如下：(1)对于图中的每一条有向边 A→B，在拓扑排序中 A 一定在 B 之前；(2)拓扑排序中的第 1 个节点可以是图中的任何一个没有其他节点指向它的节点。针对给定的有向图找到任意一种拓扑排序的顺序。

2. 问题示例

如图 2-1 的有向图的拓扑排序可以为：

[0，1，2，3，4，5]

[0，2，3，1，5，4]

3. 代码实现

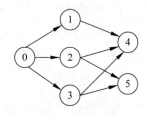

图 2-1　有向图

```python
#定义有向图节点
class DirectedGraphNode:
    def __init__(self, x):
        self.label = x
        self.neighbors = []
class Solution:
    #参数 graph: 有向图节点列表
    #返回值：整数列表
    def topSort(self, graph):
        indegree = {}
        for x in graph:
            indegree[x] = 0
        for i in graph:
            for j in i.neighbors:
                indegree[j] += 1
        ans = []
        for i in graph:
            if indegree[i] == 0:
                self.dfs(i, indegree, ans)
        return ans
    def dfs(self, i, indegree, ans):
        ans.append(i.label)
        indegree[i] -= 1
        for j in i.neighbors:
            indegree[j] -= 1
            if indegree[j] == 0:
                self.dfs(j, indegree, ans)
#主函数
```

```
if __name__ == '__main__':
    solution = Solution()
    g0 = DirectedGraphNode(0)
    g1 = DirectedGraphNode(1)
    g2 = DirectedGraphNode(2)
    g3 = DirectedGraphNode(3)
    g4 = DirectedGraphNode(4)
    g5 = DirectedGraphNode(5)
    g0.neighbors = [g1, g2, g3]
    g1.neighbors = [g4]
    g2.neighbors = [g4, g5]
    g3.neighbors = [g4, g5]
    graph = [g0, g1, g2, g3, g4, g5]
    result = solution.topSort(graph)
    print("输入:如样例图")
    print("输出:",result)
```

4. 运行结果

输入: 如样例图
输出: [0, 1, 2, 3, 4, 5]

▶ 例115 克隆图

1. 问题描述

克隆一张无向图,图中的每个节点包含一个 label 和一个列表 neighbors。保证每个节点的 label 均不同。返回一个经过深度复制的新图,这个新图和原图具有同样的结构,并且对新图的任何改动不会对原图造成影响。

2. 问题示例

序列化图{0,1,2♯1,2♯2,2}共有 3 个节点,包含 2 个分隔符♯。第 1 个节点 label 为 0,存在边从节点 0 链接到节点 1 和节点 2;第 2 个节点 label 为 1,存在边从节点 1 连接到节点 2;第 3 个节点 label 为 2,存在边从节点 2 连接到节点 2(本身),从而形成自环。如下所示:

3. 代码实现

```
#定义无向图节点
class UndirectedGraphNode:
    def __init__(self, x):
```

```
                self.label = x
                self.neighbors = []
        class Solution:
            def __init__(self):
                self.dict = {}
            # 参数 node: 无向图节点
            # 返回值: 无向图节点
            def cloneGraph(self, node):
                if node is None:
                    return None
                if node.label in self.dict:
                    return self.dict[node.label]
                root = UndirectedGraphNode(node.label)
                self.dict[node.label] = root
                for item in node.neighbors:
                    root.neighbors.append(self.cloneGraph(item))
                return root
        # 主函数
        if __name__ == '__main__':
            solution = Solution()
            g0 = UndirectedGraphNode(0)
            g1 = UndirectedGraphNode(1)
            g2 = UndirectedGraphNode(2)
            g0.neighbors = [g1, g2]
            g1.neighbors = [g2]
            g2.neighbors = [g2]
            ans = solution.cloneGraph(g0)
            a = [ans.label, ans.neighbors[0].label, ans.neighbors[1].label, ans.neighbors[0]
                .neighbors[0].label, ans.neighbors[1].neighbors[0].label]
            print("输入: {0,1,2#1,2#2,2}")
            print("输出:", a)
```

4. 运行结果

输入: {0,1,2#1,2#2,2}
输出: [0, 1, 2, 2, 2]

▶ 例 116　不同的二叉查找树

1. 问题描述

给定正整数 n, 求以 $1 \sim n$ 为节点组成的不同的二叉查找树有多少种?

2. 问题示例

输入 $n = 3$,输出 5,表示有 5 种不同形态的二叉查找树:

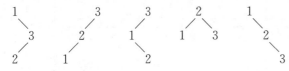

3. 代码实现

```
class Solution:
    #参数 n: 整数
    #返回值: 整数
    def numTrees(self, n):
        dp = [1, 1, 2]
        if n <= 2:
            return dp[n]
        else:
            dp += [0 for i in range(n-2)]
            for i in range(3, n + 1):
                for j in range(1, i + 1):
                    dp[i] += dp[j-1] * dp[i-j]
            return dp[n]
#主函数
if __name__ == '__main__':
    solution = Solution()
    n = 3
    ans = solution.numTrees(n)
    print("输入:", n)
    print("输出:", ans)
```

4. 运行结果

输入: 3
输出: 5

▶ 例 117　汉诺塔

1. 问题描述

在 A、B、C 3 根柱子上,有 n 个不同大小的圆盘,开始都叠在 A 上(如图 2-2 所示),目标是在最少的合法移动步数内将所有圆盘从 A 塔移动到 C 塔。游戏规则如下:每一步只允许移动 1 个圆盘;移动的过程中,大圆盘不能在小圆盘的上方。

2. 问题示例

输入 $n = 2$,输出步骤为["from A to B","from A to C","from B to C"]。输入 $n = 3$,输出步骤为["from A to C","from A to B","from C to B","from A to C","from B to

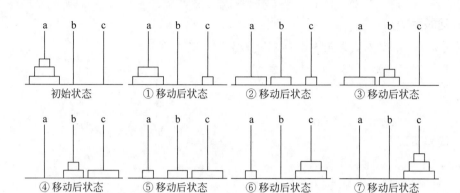

图 2-2　汉诺塔示意图

A","from B to C","from A to C"]。

3. 代码实现

```
class Solution:
    def move(self, n, a, b, c, ans):    #n代表圆盘数,a代表初始位圆柱,b代表过渡位圆柱,c代
表目标位圆柱
        if n == 1:
            ans.append("from " + a + " to " + c)
        else:
            self.move(n - 1, a, c, b, ans)
            ans.append("from " + a + " to " + c)
            self.move(n - 1, b, a, c, ans)
        return ans
# 主函数
if __name__ == '__main__':
    solution = Solution()
    ans = []
    res = solution.move(3, 'A', 'B', 'C', ans)
    print("输入: 3, 'A', 'B', 'C'")
    print("输出:", res)
```

4. 运行结果

输入: 3, 'A', 'B', 'C'
输出: ['from A to C', 'from A to B', 'from C to B', 'from A to C', 'from B to A', 'from B to C', 'from A to C']

▶ 例 118　图中两个点之间的路线

1. 问题描述

给出一张有向图,设计一个算法判断两个点 s 与 t 之间是否存在路线。

2. 问题示例

如下所示,输入 s = B,t = E,输出 True;输入 s = D,t = C,输出 False。

```
A----->B----->C
 \     |
  \    |
   \   |
    \  v
     ->D----->E
```

3. 代码实现

```python
# 定义有向图节点
class DirectedGraphNode:
    def __init__(self, x):
        self.label = x
        self.neighbors = []
class Solution:
    def dfs(self, i, countrd, graph, t):
        if countrd[i] == 1:
            return False
        if i == t:
            return True
        countrd[i] = 1
        for j in i.neighbors:
            if countrd[j] == 0 and self.dfs(j, countrd, graph, t):
                return True
        return False
    # 参数 graph: 有向图节点列表
    # 参数 s: 起始有向图节点
    # 参数 t: 终端有向图节点
    # 返回值: 布尔值
    def hasRoute(self, graph, s, t):
        countrd = {}
        for x in graph:
            countrd[x] = 0
        return self.dfs(s, countrd, graph, t)
# 主函数
if __name__ == '__main__':
    solution = Solution()
    gA = DirectedGraphNode('A')
    gB = DirectedGraphNode('B')
    gC = DirectedGraphNode('C')
    gD = DirectedGraphNode('D')
    gE = DirectedGraphNode('E')
    gA.neighbors = [gB, gD]
    gB.neighbors = [gC, gD]
```

```
gD.neighbors = [gE]
graph = [gA, gB, gC, gD, gE]
ans = solution.hasRoute(graph, gB, gE)
print("输入: {A,B,C,D,E,A♯B,A♯D,B♯C,B♯D,D♯E},  B,  E")
print("输出:", ans)
```

4. 运行结果

输入: {A,B,C,D,E,A♯B,A♯D,B♯C,B♯D,D♯E},B,E
输出: True

▶ 例 119　丢失的第 1 个正整数

1. 问题描述

给出一个无序的整数数组,找出其中没有出现的最小正整数。

2. 问题示例

输入[1,2,0],输出 3,即数组中没有出现的最小正整数是 3;输入[3,4,−1,1],输出 2,即数组中没有出现的最小正整数是 2。

3. 代码实现

```
class Solution:
    ♯ 参数 A: 整数数组
    ♯ 返回值: 整数
    def firstMissingPositive(self, A):
        n = len(A)
        i = 0
        if n == 0:
            return 1
        while i < n:
            while A[i]!= i + 1 and A[i] <= n and A[i] > 0 and A[i] != A[A[i] − 1]:
                t = A[i]
                A[i] = A[A[i] − 1]
                A[t − 1] = t
            i = i + 1
        for i in range(n):
            if A[i] != i + 1: return i + 1
        return n + 1
♯ 主函数
if __name__ == '__main__':
    solution = Solution()
    A = [3,4,−1,1]
    ans = solution.firstMissingPositive(A)
    print("输入:", A)
    print("输出:", ans)
```

4. 运行结果

输入: [1, -1, 3, 4]
输出: 2

▶例 120　寻找缺失的数

1. 问题描述

给出一个包含 $0 \sim N$ 中 N 个数的序列,找出 $0 \sim N$ 中没有出现在序列中的那个数。

2. 问题示例

输入 $[0,1,3]$,输出 2,即在 $0 \sim 3$ 中,序列 $[0,1,3]$ 中没有出现 2;输入 $[1,2,3]$,输出 0,即在 $0 \sim 3$ 中,序列 $[1,2,3]$ 中没有出现 0。

3. 代码实现

```
class Solution:
    def findMissing(self, nums):
        if not nums:
            return 0
        sum = 0
        for _ in nums:
            sum += _
        return int((len(nums) * (len(nums) + 1) / 2)) - sum
# 主函数
if __name__ == '__main__':
    solution = Solution()
    nums = [0,1,3]
    ans = solution.findMissing(nums)
    print("输入:", nums)
    print("输出:", ans)
```

4. 运行结果

输入: [0, 1, 3]
输出: 2

▶例 121　排列序号 I

1. 问题描述

给出一个不含重复数字的排列,求这些数字所有排列按字典序排序后的编号。编号从 1 开始。

2. 问题示例

输入 $[1,2,4]$,输出 1,因为这个排列是 1、2、4 三个数字的第 1 个字典序的排列。输入

[3,2,1],输出 6,因为这个排列是 1、2、3 三个数字的第 6 个字典序的排列。

3. 代码实现

```python
class Solution:
    # 参数 A: 整数数组
    # 返回值: 整数
    def permutationIndex(self, A):
        result = 1
        factor = 1
        for i in range(len(A) - 1, -1, -1):
            rank = 0
            for j in range(i + 1, len(A)):
                if A[i] > A[j]:
                    rank += 1
            result += factor * rank
            factor *= len(A) - i
        return result
# 主函数
if __name__ == '__main__':
    solution = Solution()
    A = [3,2,1]
    ans = solution.permutationIndex(A)
    print("输入:", A)
    print("输出:", ans)
```

4. 运行结果

```
输入: [3, 2, 1]
输出: 6
```

▶ 例 122 排列序号 Ⅱ

1. 问题描述

给出一个可能包含重复数字的排列,求这些数字的所有排列按字典序排序后的编号从 1 开始。

2. 问题示例

输入[1,4,2,2],输出 3,因为这个排列是 1、2、2、4 数字的第 3 个字典序的排列。输入 [1,6,5,3,1],输出 24,这个排列是 1、1、3、5、6 数字的第 24 个字典序的排列。

3. 代码实现

```python
class Solution:
    # 参数 A: 整数数组
    # 返回值: 长整数
    def permutationIndexII(self, A):
```

```
        if A is None or len(A) == 0:
            return 0
        index, factor, multi_fact = 1, 1, 1
        counter = {}
        for i in range(len(A) - 1, -1, -1):
            counter[A[i]] = counter.get(A[i], 0) + 1
            multi_fact *= counter[A[i]]
            count = 0
            for j in range(i + 1, len(A)):
                if A[i] > A[j]:
                    count += 1
            index += count * factor // multi_fact
            factor *= (len(A) - i)
        return index
# 主函数
if __name__ == '__main__':
    solution = Solution()
    A = [1,4,2,2]
    ans = solution.permutationIndexII(A)
    print("输入:", A)
    print("输出:", ans)
```

4. 运行结果

```
输入: [1, 4, 2, 2]
输出: 3
```

▶例 123　最多有 k 个不同字符的最长子串

1. 问题描述

给定字符串 S,找到最多有 k 个不同字符的最长子串 T,输出子串长度。

2. 问题示例

输入 S = "eceba",$k=3$,输出 4,因为有 3 个不同字符的最长子串为 T = "eceb",长度为 4。输入 S = "WORLD",$k = 4$,输出 4,因为有 4 个不同字符的最长子串为 T = "WORL" 或"ORLD",长度为 4。

3. 代码实现

```
# 参数 s: 字符串
# 返回值 res: 最长子串的长度
class Solution:
    def lengthOfLongestSubstring(self, s):
        res = 0
        if s is None or len(s) == 0:
            return res
```

```
        d = {}
        tmp = 0
        start = 0
        for i in range(len(s)):
            if s[i] in d and d[s[i]] >= start:
                start = d[s[i]] + 1
            tmp = i - start + 1
            d[s[i]] = i
            res = max(res, tmp)
        return res
# 主函数
if __name__ == '__main__':
    generator = 'eceba'
    solution = Solution()
    print("输入:", generator)
    print("输出:", solution.lengthOfLongestSubstring(generator))
```

4. 运行结果

```
输入: eceba
输出: 4
```

▶ 例 124　第 k 个排列

1. 问题描述

给定 n 和 k，求 n 的全排列中字典序第 k 个排列。

2. 问题示例

输入 $n = 3$，$k = 4$，输出 231，即 $n = 3$ 时，按照字典顺序的全排列如下：123、132、213、231、312、321，第 4 个排列为 231。

3. 代码实现

```
# 参数 n: 1~n
# 参数 k: 所有全排列中的第几个
# 返回值: 第 k 个全排列
class Solution:
    def getPermutation(self, n, k):
        fac = [1]
        for i in range(1, n + 1):
            fac.append(fac[-1] * i)
        elegible = list(range(1, n + 1))
        per = []
        for i in range(n):
            digit = (k - 1) // fac[n - i - 1]
            per.append(elegible[digit])
            elegible.remove(elegible[digit])
```

```
                k = (k - 1) % fac[n - i - 1] + 1
           return "".join([str(x) for x in per])
#主函数
if __name__ == '__main__':
    k = 4
    n = 3
    solution = Solution()
    print("输入:", "n = ",n,"k = ",k)
    print("输出:", solution.getPermutation(n,k))
```

4. 运行结果

```
输入: n = 3, k = 4
输出: 231
```

▶ 例 125 飞机数

1. 问题描述

给出飞机起飞和降落的时间列表,用序列 interval 表示,计算天上同时最多有多少架飞机。

2. 问题示例

输入 $[(1,10),(2,3),(5,8),(4,7)]$,输出 3。第 1 架飞机在 1 时刻起飞,10 时刻降落;第 2 架飞机在 2 时刻起飞,3 时刻降落;第 3 架飞机在 5 时刻起飞,8 时刻降落;第 4 架飞机在 4 时刻起飞,7 时刻降落。在 5 时刻到 6 时刻之间,天空中有 3 架飞机。

3. 代码实现

```
#参数 start: 开始时间
#参数 end: 结束时间
class Interval(object):
    def __init__(self, start, end):
        self.start = start
        self.end = end
#参数 airplanes 是一个由时间间隔对象组成的数组
#返回值 max_number_of_airplane 是同一时刻天空最多的飞机数
class Solution:
    def countOfAirplanes(self, airplanes):
        points = []
        for airplane in airplanes:
            points.append([airplane.start, 1])
            points.append([airplane.end, -1])
        number_of_airplane, max_number_of_airplane = 0, 0
        for _, count_delta in sorted(points):
            number_of_airplane += count_delta
            max_number_of_airplane = max(max_number_of_airplane,
```

```
                                              number_of_airplane)
            return max_number_of_airplane
# 主函数
if __name__ == '__main__':
    generator = [Interval(1,10),Interval(5,8),Interval(2,3),Interval(4,7)]
    solution = Solution()
    print("输入:",[(1, 10), (2, 3), (5, 8), (4, 7)] )
    print("输出:", solution.countOfAirplanes(generator))
```

4. 运行结果

```
输入: [(1, 10), (2, 3), (5, 8), (4, 7)]
输出: 3
```

▶ 例 126 格雷编码

1. 问题描述

格雷编码是一个二进制数字系统。在该系统中,2 个连续的数值仅有 1 个二进制数字的差异。给定一个非负整数 n,表示该代码中所有二进制的位数,试找出其格雷编码顺序。一个格雷编码顺序必须从 0 开始,并覆盖所有 2^n 个整数。

2. 问题示例

输入 2,输出[0,1,3,2],也就是说这几个数字的二进制格雷编码如下:

0 - 00
1 - 01
3 - 11
2 - 10

3. 代码实现

```
# 参数 n: 整型数
# 返回值 seq: 所对应的格雷编码
class Solution:
    def grayCode(self, n):
        if n == 0:
            return [0]

        result = self.grayCode(n - 1)
        seq = list(result)
        for i in reversed(result):
            seq.append((1 << (n - 1)) | i)
        return seq
# 主函数
if __name__ == '__main__':
    generator = 2
```

```
solution = Solution()
print("输入:", generator)
print("输出:", solution. grayCode(generator))
```

4. 运行结果

输入: 2
输出: [0, 1, 3, 2]

▶例 127　迷你 Cassandra

1. 问题描述

Cassandra 是一个 NoSQL 数据库。Cassandra 中的一个单独数据条目由 row_key、column_key、value 3 部分构成。row_key 相当于哈希值,不支持范围查询,简化为字符串。column_key 已排序并支持范围查询,简化为整数。value 是一个值,用于储存数据序列转化成的字符串。现在要实现 insert(row_key, column_key, value) 和 query(row_key, column_start, column_end),返回条目列表。

2. 问题示例

输入:

insert("google", 1, "abcd")

query("google", 0, 1)

输出: [(1, "abcd")]

输入:

insert("google", 1, "abcd")

insert("baidu", 1, "efgh")

insert("google", 2, "hijk")

query("google", 0, 1)

query("google", 0, 2)

query("go", 0, 1)

query("baidu", 0, 10)

输出:

[(1, "abcd")]

[(1, "abcd"),(2, "hijk")]

[]

[(1, "efgc")]

3. 代码实现

＃参数 raw_key: 字符串,用于哈希算法

＃参数 column_key: 整数,支持范围查询

```python
# 参数 column_value: 储存字符串的值
# 参数 column_start: 开始位置
# 参数 column_start: 结束位置
# 返回值 rt 是一个由 Column 对象组成的列表
class Column:
    def __init__(self, key, value):
        self.key = key
        self.value = value
from collections import OrderedDict
class Solution:
    def __init__(self):
        self.hash = {}
    def insert(self, raw_key, column_key, column_value):
        if raw_key not in self.hash:
            self.hash[raw_key] = OrderedDict()
        self.hash[raw_key][column_key] = column_value
    def query(self, raw_key, column_start, column_end):
        rt = []
        if raw_key not in self.hash:
            return rt
        self.hash[raw_key] = OrderedDict(sorted(self.hash[raw_key].items()))
        for key, value in self.hash[raw_key].items():
            if key >= column_start and key <= column_end:
                rt.append(Column(key, value))
        return rt
# 主函数
if __name__ == '__main__':
    generator = Column(1, "abcd")
    generator1 = Column(2, "hijk")
    solution = Solution()
    solution.insert("google", generator.key, generator.value)
    solution.insert("google", generator1.key, generator1.value)
    ls = solution.query("google", 0, 2)
    print('输入: query("google", 0, 2)')
    print("输出: ")
    for i in ls:
        print(i.key, i.value)
```

4. 运行结果

```
输入: query("google", 0, 2)
输出:
1 abcd
2 hijk
```

▶例128 网络日志

1. 问题描述

网络日志的记录,实现下面两个过程: hit(timestamp) 建立一个时间戳,get_hit_count_in_last_5_minutes(timestamp),得到最后5分钟时间戳的个数。

2. 问题示例

输入:

```
hit(1);
hit(2);
get_hit_count_in_last_5_minutes(3);
hit(300);
get_hit_count_in_last_5_minutes(300);
get_hit_count_in_last_5_minutes(301);
```

输出:

```
2
3
2
```

输入:

```
hit(1)
hit(1)
hit(1)
hit(2)
get_hit_count_in_last_5_minutes(3)
hit(300)
get_hit_count_in_last_5_minutes(300)
get_hit_count_in_last_5_minutes(301)
get_hit_count_in_last_5_minutes(302)
get_hit_count_in_last_5_minutes(900)
```

输出:

```
4
5
2
1
0
0
```

3. 代码实现

```
#参数 timestamp: 整数,建立一个时间戳
#返回值: 整数,表示最后 5 分钟时间戳的个数
class WebLogger:
    def __init__(self):
        self.Q = []
    def hit(self, timestamp):
        self.Q.append(timestamp)
    def get_hit_count_in_last_5_minutes(self, timestamp):
        if self.Q == []:
            return 0
        i = 0
        n = len(self.Q)
        while i < n and self.Q[i] + 300 <= timestamp:
            i += 1
        self.Q = self.Q[i:]
        return len(self.Q)
#主函数
if __name__ == '__main__':
    solution = WebLogger()
    print("输入:hit(1),hit(2) ")
    solution.hit(1)
    solution.hit(2)
    print("输出最后 5 分钟时间戳个数:")
    print(solution.get_hit_count_in_last_5_minutes(3))
    print("输入:hit(300) ")
    solution.hit(300)
    print("输出最后 5 分钟时间戳个数:")
    print(solution.get_hit_count_in_last_5_minutes(300))
    print("输出最后 5 分钟时间戳个数:")
    print(solution.get_hit_count_in_last_5_minutes(301))
```

4. 运行结果

```
输入: hit(1),hit(2)
输出最后 5 分钟时间戳个数: 2
输入: hit(300)
输出最后 5 分钟时间戳个数: 3
输出最后 5 分钟时间戳个数: 2
```

▶ 例 129　栅栏染色

1. 问题描述

有一个栅栏,它有 n 个柱子。现在要给柱子染色,有 k 种颜色,不可有超过 2 个相邻的柱子颜色相同,求有多少种染色方案。

2．问题示例

输入 $n=3$，$k=2$，输出 6，示例如表 2-1 所示。

表 2-1　栅栏染色方案示例

方　　法	柱子 1	柱子 2	柱子 3
方法 1	0	0	1
方法 2	0	1	0
方法 3	0	1	1
方法 4	1	0	0
方法 5	1	0	1
方法 6	1	1	0

输入 $n=2$，$k=2$，输出 4，示例如表 2-2 所示。

表 2-2　栅栏染色方案示例

方　　法	柱子 1	柱子 2
方法 1	0	0
方法 2	0	1
方法 3	1	0
方法 4	1	1

3．代码实现

```
# 参数 n: 非负整数,代表柱子数
# 参数 n: 非负整数,代表颜色数
# 返回值: 整数,代表所有的染色方案
class Solution:
    def numWays(self, n, k):
        dp = [0, k, k * k]
        if n <= 2:
            return dp[n]
        if k == 1 and n >= 3:
            return 0
        for i in range(2, n):
            dp.append((k - 1) * (dp[-1] + dp[-2]))
        return dp[-1]
# 主函数
if __name__ == '__main__':
    solution = Solution()
    n = 3
    k = 2
    print("输入: n = ", n, "k = ", k)
    print("输出:", solution.numWays(n, k))
```

4. 运行结果

输入：n = 3 k = 2
输出：6

▶ 例130 房屋染色

1. 问题描述

有 n 个房子在一直线上。需要给房屋染色，分别有红色、蓝色和绿色。每个房屋染不同的颜色费用不同，需要设计一种染色方案，使得相邻的房屋颜色不同，并且费用最少。返回最少的费用。

2. 问题示例

费用通过一个 $n \times 3$ 的矩阵给出。例如，cost[0][0]表示房屋 0 染红色的费用，cost[1][2]表示房屋 1 染绿色的费用。所有费用都是正整数。

输入[[14,2,11]、[11,14,5]、[14,3,10]]，输出 10，也就是 3 个房子分别为蓝色、绿色和红色，2 + 5 + 3 = 10。

输入[[1,2,3]、[1,4,6]]，输出 3，也就是两个房子分别为绿色和蓝色，2 + 1 = 3。

3. 代码实现

```python
#参数 costs: n×3 矩阵
#返回值: 整数,刷完所有房子最少花费
class Solution:
    def minCost(self, costs):
        n = len(costs)
        if n == 0:
            return 0
        INF = 0x7fffffff
        f = [costs[0], [INF, INF, INF]]
        for i in range(1, n):
            for j in range(3):
                f[i&1][j] = INF
                for k in range(3):
                    if j != k:
                        f[i&1][j] = min(f[i&1][j], f[(i+1)&1][k] + costs[i][j])
        return min(f[(n-1)&1])
#主函数
if __name__ == '__main__':
    generator = [[14,2,11],[11,14,5],[14,3,10]]
    solution = Solution()
    print("输入: ",generator)
    print("输出: ",solution.minCost(generator))
```

4. 运行结果

输入: [[14, 2, 11], [11, 14, 5], [14, 3, 10]]
输出: 10

▷ 例131 去除重复元素

1. 问题描述

给出一个整数数组,去除重复的元素。要求在原数组上操作;将去除重复之后的元素放在数组的开头;不需要保持原数组的顺序。返回去除重复元素之后的元素个数。

2. 问题示例

输入 nums = [1, 3, 1, 4, 4, 2],输出 4,也就是将重复的整数移动到 nums 的尾部,变为 nums = [1, 3, 4, 2, ?, ?];返回 nums 中唯一整数的数量 4(事实上并不关心把什么放在了"?"处,只关心不重复的整数的个数)。输入 nums = [1, 2, 3],输出 3。

3. 代码实现

```python
# 参数 nums: 整型数组
# 返回值 result: 不重复元素的个数
class Solution:
    def deduplication(self, nums):
        n = len(nums)
        if n == 0:
            return 0
        nums.sort()
        result = 1
        for i in range(1, n):
            if nums[i - 1] != nums[i]:
                nums[result] = nums[i]
                result += 1
        return result
# 主函数
if __name__ == '__main__':
    generator = [1, 3, 1, 4, 4, 2]
    solution = Solution()
    print("输入:", generator)
    print("输出:", solution.deduplication(generator))
```

4. 运行结果

输入: [1, 3, 1, 4, 4, 2]
输出: 4

▶ 例 132   左填充

1. 问题描述

实现一个 leftpad 方法,在字符串的左侧添加符号。符号可以是空格,也可以是规定的符号。

2. 问题示例

输入 leftpad("foo",5),输出"♯♯foo",也就是要求字符串的总长度是 5,不足之处用空格在左侧填充。输入 leftpad("foobar",6),输出"foobar",字符串总长是 6,则不填充。输入 leftpad("1",2,"0"),输出"01",也就是字符串长度是 2,不足之处用字符 0 填充。

3. 代码实现

```
♯参数 originalStr: 需要添加的字符串
♯参数 size: 目标长度
♯参数 padchar: 在字符串左边填充的字符
♯返回值: 左填充后的字符串
class StringUtils:
    def leftPad(self, originalStr, size, padChar = ''):
        return padChar * (size - len(originalStr)) + originalStr
♯主函数
if __name__ == '__main__':
    size = 8
    generator = "foobar"
    solution = StringUtils()
    print("输入:",generator)
    print("输出:",solution.leftPad(generator,size))
```

4. 运行结果

```
输入: foobar
输出: foobar
```

▶ 例 133   负载均衡器

1. 问题描述

为网站设计一个负载均衡器,提供如下 3 个功能:添加 1 台新的服务器到整个集群中 add(server_id)。从集群中删除 1 个服务器 remove(server_id)。在集群中随机(等概率)选择 1 个有效的服务器 pick()。最开始时,集群中没有服务器,每次 pick()调用时,需要在集群中随机返回 1 个 server_id。

2．问题示例

输入：

```
add(1)
add(2)
add(3)
pick()
pick()
pick()
pick()
remove(1)
pick()
pick()
pick()
```

输出：

```
1
2
1
3
2
3
3
```

pick()的返回值是随机的，也可以是其他的顺序。

输入：

```
add(1)
add(2)
remove(1)
pick()
pick()
```

输出：

```
2
2
```

3．代码实现

```
#参数 server_id: 服务器的 ID
#返回值: 集群中随机的服务器 ID
class LoadBalancer:
    def __init__(self):
        self.server_ids = []
        self.id2index = {}
    def add(self, server_id):
        if server_id in self.id2index:
```

```
                    return
                self.server_ids.append(server_id)
                self.id2index[server_id] = len(self.server_ids) - 1
            def remove(self, server_id):
                if server_id not in self.id2index:
                    return
                # remove the server_id
                index = self.id2index[server_id]
                del self.id2index[server_id]
                # overwrite the one to be removed
                last_server_id = self.server_ids[-1]
                self.id2index[last_server_id] = index
                self.server_ids[index] = last_server_id
                self.server_ids.pop()
            def pick(self):
                import random
                index = random.randint(0, len(self.server_ids) - 1)
                return self.server_ids[index]
# 主函数
if __name__ == '__main__':
    solution = LoadBalancer()
    solution.add(1)
    solution.add(2)
    solution.remove(1)
    print("输入: \nadd(1)\nadd(2)\nremove(1)")
    print("输出:", solution.pick())
    print("输出:", solution.pick())
```

4. 运行结果

```
输入:
add(1)
add(2)
remove(1)
输出: 2
输出: 2
```

▶ 例 134　两数和的最接近值

1. 问题描述

给定数组,找到 2 个数字,使得它们的和最接近 target,返回 target 与两数之和的差。

2. 问题示例

输入 nums = $[-1, 2, 1, -4]$,target = 4,输出 1,因为 $4-(2+1)=1$,所以最小的差距是 1。

输入 nums = $[-1, -1, -1, -4]$,target = 4,输出 6,因为 $4-(-1-1)=6$,所以

最小的差距是 6。

3．代码实现

```python
# 参数 nums: 整数数组
# 参数 target: 整数
# 返回值 diff 是 target 和两数求和的差距
import sys
class Solution:
    def twoSumClosest(self, nums, target):
        nums.sort()
        i, j = 0, len(nums) - 1
        diff = sys.maxsize
        while i < j:
            if nums[i] + nums[j] < target:
                diff = min(diff, target - nums[i] - nums[j])
                i += 1
            else:
                diff = min(diff, nums[i] + nums[j] - target)
                j -= 1
        return diff
# 主函数
if __name__ == '__main__':
    generator = [-1, 2, -1, 4]
    solution = Solution()
    target = 4
    print("target = ", target)
    print("输入:", generator)
    print("输出:", solution.twoSumClosest(generator, target))
```

4．运行结果

```
target = 4
输入: [-1, 2, -1, 4]
输出: 1
```

▶ 例135　打劫房屋

1．问题描述

将打劫房屋围成一圈，即第一间房屋和最后一间房屋是挨着的。每个房屋都存放着特定金额的钱。面临的唯一约束条件是：相邻的房屋装着相互联系的防盗系统，且当相邻的两个房屋同一天被打劫时，该系统会自动报警。给定一个非负整数列表，表示每个房屋中存放的钱，算一算，如果今晚去打劫，在不触动报警装置的情况下，最多可以得到多少钱。

2．问题示例

输入 nums = [3, 6, 4]，输出 6，即只能打劫房屋 2，获得的钱数为 6。输入 nums =

[2,3,2,3]，输出 6，即只能打劫房屋 2 和 4，获得钱数为 3＋3＝6。

3. 代码实现

```
＃参数 nums：非负整数列表，表示每个房屋中存放的钱
＃返回值：整数，表示可以拿到的钱
class Solution:
    def houseRobber2(self, nums):
        n = len(nums)
        if n == 0:
            return 0
        if n == 1:
            return nums[0]
        dp = [0] * n
        dp[0], dp[1] = 0, nums[1]
        for i in range(2, n):
            dp[i] = max(dp[i - 2] + nums[i], dp[i - 1])
        answer = dp[n - 1]
        dp[0], dp[1] = nums[0], max(nums[0], nums[1])
        for i in range(2, n - 1):
            dp[i] = max(dp[i - 2] + nums[i], dp[i - 1])
        return max(dp[n - 2], answer)
＃主函数
if __name__ == '__main__':
    generator = [2,3,2,3]
    solution = Solution()
    print("输入:",generator)
    print("输出:",solution.houseRobber2(generator))
```

4. 运行结果

```
输入: [2, 3, 2, 3]
输出: 6
```

▶ 例 136　左旋右旋迭代器

1. 问题描述

给出两个一维向量，实现一个迭代器，交替返回两个向量的元素。

2. 问题示例

输入 v1 ＝ [1，2] 和 v2 ＝ [3，4，5，6]，输出 [1，3，2，4，5，6]，因为轮换遍历两个数组，当 v1 数组遍历完后，遍历 v2 数组，所以返回结果为 [1，3，2，4，5，6]。输入 v1 ＝ [1，1，1，1] 和 v2 ＝ [3，4，5，6]，输出 [1，3，1，4，1，5，1，6]。

3. 代码实现

```
＃参数 v1，v2 表示两个一维向量
```

```
#返回值：一维数组，交替返回 v1,v2 元素
class ZigzagIterator:
    def __init__(self, v1, v2):
        self.queue = [v for v in (v1, v2) if v]
    def next(self):
        v = self.queue.pop(0)
        value = v.pop(0)
        if v:
            self.queue.append(v)
        return value
    def hasNext(self):
        return len(self.queue) > 0
#主函数
if __name__ == '__main__':
    v1 = [1,2]
    v2 = [3,4,5,6]
    print("输入:")
    print(",".join(str(i) for i in v1))
    print(",".join(str(i) for i in v2))
    solution, result = ZigzagIterator(v1, v2), []
    while solution.hasNext():
        result.append(solution.next())
    print("输出:",result)
```

4. 运行结果

```
输入: 1,2    3,4,5,6
输出: [1, 3, 2, 4, 5, 6]
```

▶ 例 137 n 数组第 k 大元素

1. 问题描述

在 n 个数组中找到第 k 大元素。

2. 问题示例

输入 $k = 3$,[[9,3,2,4,7],[1,2,3,4,8]],输出 7,第三大元素为 7。输入 $k = 2$,[[9,3,2,4,8],[1,2,3,4,2]],输出 8,最大元素为 9,第二大元素为 8,第三大元素为 4,等等。

3. 代码实现

```
import heapq
#参数 arrays 是一个数组列表
#参数 k 表示第 k 大
#返回值 num: 列表中最大的数
class Solution:
    def KthInArrays(self, arrays, k):
        if not arrays:
```

```
            return None
        # in order to avoid directly changing the original arrays
        # and remove the empty arrays, we need a new sortedArrays
        sortedArrays = []
        for arr in arrays:
            if not arr:
                continue
            sortedArrays.append(sorted(arr, reverse = True))
        maxheap = [
                    (- arr[0], index, 0)
                    for index, arr in enumerate(sortedArrays)
        ]
        heapq.heapify(maxheap)
        num = None
        for _ in range(k):
            num, x, y = heapq.heappop(maxheap)
            num = - num
            if y + 1 < len(sortedArrays[x]):
                heapq.heappush(maxheap, (- sortedArrays[x][y + 1], x, y + 1))
        return num
# 主函数
if __name__ == '__main__':
    generator = [[2,3,2,4],[3,4,7,9]]
    k = 5
    solution = Solution()
    print("输入:",generator)
    print("k = ",k)
    print("输出:",solution.KthInArrays(generator,k))
```

4. 运行结果

```
输入: [[2, 3, 2, 4], [3, 4, 7, 9]]
k = 5
输出是: 3
```

▶ 例 138   前 k 大数

1. 问题描述

在一个数组中找到前 k 个最大的数。

2. 问题示例

输入 $[3, 10, 1000, -99, 4, 100]$ 并且 $k = 3$，输出 $[1000, 100, 10]$。输入 $[8, 7, 6, 5, 4, 3, 2, 1]$ 并且 $k = 5$，输出 $[8, 7, 6, 5, 4]$。

3. 代码实现

```
import heapq
```

```
#参数 nums: 整数数组
#参数 k: 第 k 大
#返回值: 整型数组,前 k 大的整数组成
class Solution:
    def topk(self, nums, k):
        heapq.heapify(nums)
        topk = heapq.nlargest(k, nums)
        topk.sort()
        topk.reverse()
        return topk
#主函数
if __name__ == '__main__':
    generator = [8, 7, 6, 5, 4, 3, 2, 1]
    k = 4
    solution = Solution()
    print("输入:",generator)
    print("k = ",k)
    print("输出:",solution.topk(generator,k))
```

4. 运行结果

```
输入:[8, 7, 6, 5, 4, 3, 2, 1]
k = 4
输出:[8, 7, 6, 5]
```

▶例 139   计数型布隆过滤器

1. 问题描述

实现一个计数型布隆过滤器,支持以下方法:add(string)向布隆过滤器中加入一个字符串;contains(string)检查某字符串是否在布隆过滤器中;remove(string)从布隆计数器中删除一个字符串。

2. 问题示例

输入:

```
CountingBloomFilter(3)
add("long")
add("term")
contains("long")
remove("long")
contains("long")
```

输出:

```
[true,false]
```

输入：

```
CountingBloomFilter(3)
add("lint")
add("lint")
contains("lint")
remove("lint")
contains("lint")
```

输出：

```
[true,true]
```

3. 代码实现

```python
import random
#参数 str: 字符串,表示一个 word
#返回值: 布尔值,若该 word 存在返回 True,否则返回 False
class HashFunction:
    def __init__(self, cap, seed):
        self.cap = cap
        self.seed = seed
    def hash(self, value):
        ret = 0
        for i in value:
            ret += self.seed * ret + ord(i)
            ret %= self.cap
        return ret
class CountingBloomFilter:
    def __init__(self, k):
        self.hashFunc = []
        for i in range(k):
            self.hashFunc.append(HashFunction(random.randint(10000, 20000), i * 2 + 3))
        self.bits = [0 for i in range(20000)]
    def add(self, word):
        for f in self.hashFunc:
            position = f.hash(word)
            self.bits[position] += 1
    def remove(self, word):
        for f in self.hashFunc:
            position = f.hash(word)
            self.bits[position] -= 1
    def contains(self, word):
        for f in self.hashFunc:
            position = f.hash(word)
            if self.bits[position] <= 0:
                return False
        return True
```

```
#主函数
if __name__ == '__main__':
    solution = CountingBloomFilter(3)
    solution.add("long")
    solution.add("term")
    print('输入:')
    print('add("long")')
    print('add("term")')
    print('contains("long")')
    print("输出:",solution.contains("long"))
    solution.remove("long")
    print('remove("long")')
    print('contains("long")')
    print("输出:",solution.contains("long"))
```

4. 运行结果

```
输入:
add("long")
add("term")
contains("long")
输出: True
remove("long")
contains("long")
输出: False
```

▶例 140　字符计数

1. 问题描述

对字符串中的字符进行计数,返回 hashmap。key 为字符,value 是这个字符出现的次数。

2. 问题示例

输入 str = "abca",输出 {"a": 2, "b": 1, "c": 1 }。输入 str = "ab",输出 {"a": 1, "b": 1 }。

3. 代码实现

```
#参数 str: 任意的字符串
#返回值 map: 哈希 map
class Solution:
    def countCharacters(self, str):
        map = dict()
        for c in str:
            map[c] = map.get(c, 0) + 1
        return map
#主函数
if __name__ == '__main__':
```

```
generator = "abca"
solution = Solution()
print('输入:',generator)
print("输出:",solution.countCharacters(generator))
```

4. 运行结果

输入: abca
输出: {'a': 2, 'b': 1, 'c': 1}

▶ 例 141　最长重复子序列

1. 问题描述

给出一个字符串,找到最长重复子序列的长度。如果最长重复子序列有 2 个,这 2 个子序列不能在相同位置有同一元素(在 2 个子序列中的第 i 个元素,不能在原来的字符串中有相同的下标)。

2. 问题示例

输入"aab",输出 1,2 个子序列是 a(第 1 个)和 a(第 2 个)。请注意,b 不能被视为子序列的一部分,因为它在两者中都是相同的索引。输入"abc",输出 0,没有重复的序列。

3. 代码实现

```
#参数 str: 任意字符串
#返回值: 整数,表示这个字符串最长重复的子序列长度
class Solution:
    def longestRepeatingSubsequence(self, str):
        n = len(str)
        dp = [[0 for j in range(n + 1)] for i in range(n + 1)]
        for i in range(1, n + 1):
            for j in range(1, n + 1):
                if str[i - 1] == str[j - 1] and i != j:
                    dp[i][j] = dp[i - 1][j - 1] + 1
                else:
                    dp[i][j] = max(dp[i][j - 1], dp[i - 1][j])
        return dp[n][n]
#主函数
if __name__ == '__main__':
    solution = Solution()
    generator = "abcaa"
    print('输入:',generator)
    print("输出:",solution. longestRepeatingSubsequence(generator))
```

4. 运行结果

输入: abcaa
输出: 2

▶例 142　僵尸矩阵

1. 问题描述

给定一个二维网格,每一个格子都有一个值,2 代表墙,1 代表僵尸,0 代表人类。僵尸每天可以将上下左右最接近的人类感染成僵尸,但不能穿墙。问:将所有人类感染为僵尸需要多久;如果不能感染所有人则返回－1。

2. 问题示例

输入:

```
[[0,1,2,0,0],
 [ 1,0,0,2,1],
 [ 0,1,0,0,0]]
```

输出:

2

输入:

```
[[0,0,0],
 [ 0,0,0],
 [ 0,0,1]]
```

输出:

4

3. 代码实现

```
import collections
# 参数 grid:二维整数矩阵
# 返回值:整数,表示需要的天数;若不能完成则返回－1
class Solution:
    def zombie(self, grid):
        if len(grid) == 0 or len(grid[0]) == 0:
            return 0
        m, n = len(grid), len(grid[0])
        queue = collections.deque()
        for i in range(m):
            for j in range(n):
                if grid[i][j] == 1:
                    queue.append((i, j))
        day = 0
        while queue:
            size = len(queue)
            day += 1
            for k in range(size):
```

```
            (i, j) = queue.popleft()
            DIR = [(1, 0), (-1, 0), (0, 1), (0, -1)]
            for (di, dj) in DIR:
                next_i, next_j = i + di, j + dj
                if next_i < 0 or next_i >= m or next_j < 0 or next_j >= n:
                    continue
                if grid[next_i][next_j] == 1 or grid[next_i][next_j] == 2:
                    continue
                grid[next_i][next_j] = 1
                queue.append((next_i, next_j))
        for i in range(m):
            for j in range(n):
                if grid[i][j] == 0:
                    return -1
        return day - 1
# 主函数
if __name__ == '__main__':
    solution = Solution()
    generator = [[0,0,0],
                 [0,0,0],
                 [0,0,1]]
    print("输入:",generator)
    print("输出:",solution.zombie(generator))
```

4. 运行结果

输入: [[0, 0, 0], [0, 0, 0], [0, 0, 1]]
输出: 4

▶例143　摊平二维向量

1. 问题描述

设计一个迭代器实现摊平二维向量的功能。

2. 问题示例

输入[[1,2],[3],[4,5,6]]，输出[1,2,3,4,5,6]；输入[[7,9],[5]]，输出[7,9,5]。

3. 代码实现

```
class Vector2D(object):
    def __init__(self, vec2d):
        self.vec2d = vec2d
        self.row, self.col = 0, -1
        self.next_elem = None
    def next(self):
        if self.next_elem is None:
            self.hasNext()
        temp, self.next_elem = self.next_elem, None
        return temp
```

```
    def hasNext(self):
        if self.next_elem:
            return True
        self.col += 1
        while self.row < len(self.vec2d)and self.col >= len(self.vec2d[self.row]):
            self.row += 1
            self.col = 0
        if self.row < len(self.vec2d) and self.col < len(self.vec2d[self.row]):
            self.next_elem = self.vec2d[self.row][self.col]
            return True
        return False
# 主函数
if __name__ == '__main__':
    inputnum = [[1,2],[3],[4,5,6]]
    vector2d = Vector2D(inputnum)
    print("输入:", inputnum)
    print("输出:")
    print(vector2d.next())
    while vector2d.hasNext():
        print(vector2d.next())
```

4. 运行结果

```
输入: [[1, 2], [3], [4, 5, 6]]
输出:
1
2
3
4
5
6
```

▶例 144 第 k 大的元素

1. 问题描述

给定数组，找到数组中第 k 大的元素。

2. 问题示例

输入$[9,3,2,4,8]$，$k=3$，第 3 大的数是 4；输入$[1,2,3,4,5,6,8,9,10,7]$，$k=10$，第 10 大的数是 1。

3. 代码实现

```
class Solution:
    # nums: 整型数组
    # k: 整数
    # 返回数组第 k 大的元素
    def kthLargestElement2(self, nums, k):
```

```
                import heapq
                heap = []
                for num in nums:
                        heapq.heappush(heap, num)
                        if len(heap) > k:
                                heapq.heappop(heap)
                return heapq.heappop(heap)
# 主函数
if __name__ == '__main__':
                inputnum = [9,3,2,4,8]
                k = 3
                print("输入数组:",inputnum)
                print("输入 k = ",k)
                solution = Solution()
                print("输出:",solution.kthLargestElement2(inputnum,k))
```

4. 运行结果

```
输入数组: [9, 3, 2, 4, 8]
输入 k = 3
输出: 4
```

▶ 例 145 两数和小于或等于目标值

1. 问题描述

给定一个整数数组,找出这个数组中有多少对的和小于或等于目标值,返回符合要求的组合的对数。

2. 问题示例

输入 nums $= [2, 7, 11, 15]$,target $= 24$,输出 5,因为 $2 + 7 < 24$,$2 + 11 < 24$,$2 + 15 < 24$,$7 + 11 < 24$,$7 + 15 < 25$,符合要求的组合共有 5 对。输入 nums $= [1]$,target $= 1$,输出 0。

3. 代码实现

```
class Solution:
    # 参数 nums: 整数数组
    # 参数 target: 整数
    # 返回整数
    def twoSum5(self, nums, target):
        l, r = 0, len(nums) - 1
        cnt = 0
        nums.sort()
        while l < r:
            value = nums[l] + nums[r]
            if value > target:
```

```
                r -= 1
            else:
                cnt += r - l
                l += 1
        return cnt
# 主函数
if __name__ == '__main__':
    inputnum = [2, 7, 11, 15]
    target = 24
    solution = Solution()
    print("输入数组:", inputnum)
    print("输入 target:", target)
    solution = Solution()
    print("输出:", solution.twoSum5(inputnum, target))
```

4. 运行结果

```
输入数组: [2, 7, 11, 15]
输入 target: 24
输出: 5
```

▶例 146 两数差等于目标值

1. 问题描述

给定一个整数数组,找到差值等于目标值的 2 个数。数组的前 1 个下标 index1 必须小于第 2 个下标 index2。返回 index1 和 index2 所在的索引位置。数组的元素从 1 开始计数。

2. 问题示例

输入 nums = [2, 7, 15, 24],target = 5,输出 [1, 2],因为第 2 个元素为 7,第 1 个元素为 2,二者之差为 7 − 2 = 5。输入 nums = [1, 1],target = 0,输出 [1, 2],因为 1 − 1 = 0。

3. 代码实现

```
class Solution:
    # 参数 nums: 整数数组
    # 参数 target: 整数
    # 返回数组的索引值加 1, [index1 + 1, index2 + 1] (index1 < index2)
    def twoSub(self, nums, target):
        nums = [(num, i) for i, num in enumerate(nums)]
        target = abs(target)
        n, indexs = len(nums), []
        nums = sorted(nums, key = lambda x: x[0])
        j = 0
        for i in range(n):
            if i == j:
                j += 1
```

```
            while j < n and nums[j][0] - nums[i][0] < target:
                j += 1
            if j < n and nums[j][0] - nums[i][0] == target:
                indexs = [nums[i][1] + 1, nums[j][1] + 1]
        if indexs[0] > indexs[1]:
            indexs[0], indexs[1] = indexs[1], indexs[0]
        return indexs
# 主函数
if __name__ == '__main__':
    inputnum = [2, 7, 15, 24]
    target = 5
    solution = Solution()
    print("输入数组:", inputnum)
    print("输入 target:", target)
    print("输出:", solution.twoSub(inputnum, target))
```

4. 运行结果

```
输入数组: [2, 7, 15, 24]
输入 target: 5
输出: [1, 2]
```

▶ 例 147 骑士的最短路线

1. 问题描述

给定骑士在棋盘上的初始位置,用一个二进制矩阵表示棋盘,0 表示空,1 表示有障碍物。找出到达终点的最短路线,返回路线的长度。如果骑士不能到达则返回 −1。规则如下:骑士的位置为 (x, y),下一步可以到达以下位置:$(x + 1, y + 2)$、$(x + 1, y − 2)$、$(x − 1, y + 2)$、$(x − 1, y − 2)$、$(x + 2, y + 1)$、$(x + 2, y − 1)$、$(x − 2, y + 1)$、$(x − 2, y − 1)$。

2. 问题示例

输入:
```
[[0,0,0],
 [0,0,0],
 [0,0,0]]
```
起点为 source = [2, 0],终点为 destination = [2, 2],输出 2,路线为[2,0]−>[0,1]−>[2,2]。

输入:
```
[[0,1,0],
 [0,0,1],
 [0,0,0]]
```

起点为 source ＝ [2，0]，终点为 destination ＝ [2，2]，输出－1，即没有路线到终点。

3. 代码实现

```
import collections
class Point:
    def __init__(self, a = 0, b = 0):
        self.x = a
        self.y = b
DIRECTIONS = [
    (-2, -1), (-2, 1), (-1, 2), (1, 2),
    (2, 1), (2, -1), (1, -2), (-1, -2),
]
class Solution:
    # 参数 grid: 棋盘
    # 参数 source: 起点
    # 参数 destination: 终点
    # 返回最短路径长度
    def shortestPath(self, grid, source, destination):
        queue = collections.deque([(source.x, source.y)])
        distance = {(source.x, source.y): 0}
        while queue:
            x, y = queue.popleft()
            if (x, y) == (destination.x, destination.y):
                return distance[(x, y)]
            for dx, dy in DIRECTIONS:
                next_x, next_y = x + dx, y + dy
                if (next_x, next_y) in distance:
                    continue
                if not self.is_valid(next_x, next_y, grid):
                    continue
                distance[(next_x, next_y)] = distance[(x, y)] + 1
                queue.append((next_x, next_y))
        return -1
    def is_valid(self, x, y, grid):
        n, m = len(grid), len(grid[0])
        if x < 0 or x >= n or y < 0 or y >= m:
            return False
        return not grid[x][y]
# 主函数
if __name__ == '__main__':
    inputnum = [[0,0,0],
                [0,0,0],
                [0,0,0]]
    source = Point(2,0)
    destination = Point(2,2)
    solution = Solution()
    print("输入棋盘:", inputnum)
```

```
print("输入起点:[2,0]")
print("输入终点:[2,2]")
print("输出步数:",solution.shortestPath(inputnum,source,destination))
```

4．运行结果

输入棋盘：[[0, 0, 0], [0, 0, 0], [0, 0, 0]]
输入起点：[2,0]
输入终点：[2,2]
输出步数：2

▶ 例 148　*k* 个最近的点

1．问题描述

给定一些点（points）的坐标和一个 origin 的坐标，从 points 中找到 k 个离 origin 最近的点。按照距离由小到大返回。如果两个点有相同距离，则按照横轴坐标 x 值排序；若 x 值也相同，就再按照纵轴坐标 y 值排序。

2．问题示例

输入 points $= [[4,6],[4,7],[4,4],[2,5],[1,1]]$, origin $= [0,0]$, $k = 3$, 找出距离原点 $[0,0]$ 最近的 3 个点，输出 $[[1,1],[2,5],[4,4]]$。输入 points $= [[0,0],[0,9]]$, origin $= [3,1]$, $k = 1$, 找出距离 $[3,1]$ 点最近距离点为 $[0,0]$, 输出 $[[0,0]]$。

3．代码实现

```
import heapq
import numpy as np
np.set_printoptions(threshold = np.inf)
class Point:
    def __init__(self, a = 0, b = 0):
        self.x = a
        self.y = b
class Solution:
    # 参数 points: 坐标点列表
    # 参数 origin: 初始点
    # 参数 k: 整数
    # 返回 k 个最邻近点
    def kClosest(self, points, origin, k):
        self.heap = []
        for point in points:
            dist = self.getDistance(point, origin)
            heapq.heappush(self.heap, ( -dist, -point.x, -point.y))
            if len(self.heap) > k:
                heapq.heappop(self.heap)
        ret = []
        while len(self.heap) > 0:
```

```
                _, x, y = heapq.heappop(self.heap)
                ret.append(Point( - x, - y))
            ret.reverse()
            return ret
        def getDistance(self, a, b):
            return (a.x - b.x) ** 2 + (a.y - b.y) ** 2
# 主函数
if __name__ == '__main__':
    a1 = Point(0,0)
    a2 = Point(0,9)
    inputnum = [a1,a2]
    origin = Point(0,0)
    k = 1
    solution = Solution()
    rp = Point(0,0)
    rp = solution.kClosest(inputnum,origin,k)
    array = [[rp[0].x,rp[0].y]]
    print("输入坐标点:[[0,0],[0,9]]")
    print("最近坐标数:k = 1")
    print("输出坐标点:",array)
```

4. 运行结果

输入坐标点:[[0,0],[0,9]]
最近坐标数:k = 1
输出坐标点:[[0, 0]]

▶ 例 149 优秀成绩

1. 问题描述

每个学生有两个属性编号 ID 和得分 scores,找到每个学生最高的 5 个分数的平均值。

2. 问题示例

输入[[1,90],[1,93],[2,93],[2,99],[2,98],[2,97],[1,62],[1,56],[2,95],[1,61]],输出 1:72.40,2:97.40,即 id = 1 的学生,最高 5 个分数的平均值为$(90+93+62+56+61)/5 = 72.40$;id = 2 的学生,最高 5 个分数的平均值为$(93+99+98+97+95)/5 = 96.40$。

输入[[1,80],[1,80],[1,80],[1,80],[1,80],[1,80]],输出 1:80.00。

3. 代码实现

```
class Record:
    def __init__(self, id, score):
        self.id = id
        self.score = score
class Solution:
```

```
#  @param {Record[]} results a list of < student_id, score >
#  @return {dict(id, average)} find the average of 5 highest scores for each person
#  < key, value > (student_id, average_score)
def highFive(self, results):
    #  Write your code here
    hash = dict()
    for r in results:
        if r.id not in hash:
            hash[r.id] = []
        hash[r.id].append(r.score)
        if len(hash[r.id]) > 5:
            index = 0
            for i in range(1, 6):
                if hash[r.id][i] < hash[r.id][index]:
                    index = i
            hash[r.id].pop(index)
    answer = dict()
    for id, scores in hash.items():
        answer[id] = sum(scores) / 5.0
    return answer
#主函数
if __name__ == '__main__':
    r1 = Record(1,90)
    r2 = Record(1,93)
    r3 = Record(2,93)
    r4 = Record(2,99)
    r5 = Record(2,98)
    r6 = Record(2,97)
    r7 = Record(1,62)
    r8 = Record(1,56)
    r9 = Record(2,95)
    r10 = Record(1,61)
    list = [r1,r2,r3,r4,r5,r6,r7,r8,r9,r10]
    solution = Solution()
    print(solution.highFive(list))
```

4. 运行结果

输入:[(1,90),(1,93),(2,93),(2,99),(2,98),(2,97),(1,62),(1,56),(2,95),(1,61)]
输出: [1 : 72.4, 2 : 96.4]

▶ 例 150　二叉树的最长连续子序列 I

1. 问题描述

给定一棵二叉树,找到最长连续序列路径的长度(节点数)。路径起点和终点可以为二叉树的任意节点。

2. 问题示例

输入{1,2,0,3},输出4,如下所示,最长连续序列路径(0—1—2—3)的长度是4。

3. 代码实现

```
class TreeNode(object):
    def __init__(self, x):
        self.val = x
        self.left = None
        self.right = None
class Solution:
    #参数root: 二叉树的根节点
    #返回最长连续序列路径的长度
    def longestConsecutive2(self, root):
        max_len, _, _, = self.helper(root)
        return max_len
    def helper(self, root):
        if root is None:
            return 0, 0, 0
        left_len, left_down, left_up = self.helper(root.left)
        right_len, right_down, right_up = self.helper(root.right)
        down, up = 0, 0
        if root.left is not None and root.left.val + 1 == root.val:
            down = max(down, left_down + 1)
        if root.left is not None and root.left.val - 1 == root.val:
            up = max(up, left_up + 1)
        if root.right is not None and root.right.val + 1 == root.val:
            down = max(down, right_down + 1)
        if root.right is not None and root.right.val - 1 == root.val:
            up = max(up, right_up + 1)
        len = down + 1 + up
        len = max(len, left_len, right_len)
        return len, down, up
#主函数
if __name__ == '__main__':
    inputnum = {1, 2, 0, 3}
    root0 = TreeNode(0)
    root1 = TreeNode(1)
    root2 = TreeNode(2)
    root3 = TreeNode(3)
    root1.left = root2
    root1.right = root0
    root2.left = root3
```

```
solution = Solution()
print("输入:",inputnum)
print("输出:",solution.longestConsecutive2(root1))
```

4. 运行结果

```
输入: {0, 1, 2, 3}
输出: 4
```

▶ 例 151　二叉树的最长连续子序列 Ⅱ

1. 问题描述

给出一棵 k 叉树,找到最长连续序列路径的长度。路径的开头跟结尾可以是树的任意节点。

2. 问题示例

输入 k 叉树,5 < 6 < 7 <> ,5 <>,8 <>>,4 < 3 <>,5 <>,31 <>>>,如下所示。输出 5,即 3—4—5—6—7。

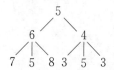

3. 代码实现

```python
# 定义一个多节点的树
class MultiTreeNode(object):
    def __init__(self, x):
        self.val = x
        self.children = [] # children 是 MultiTreeNode 的 list
class Solution:
    # 参数 root: k 叉树
    # 返回最长连续序列路径的长度
    def longestConsecutive3(self, root):
        max_len, _, _, = self.helper(root)
        return max_len
    def helper(self, root):
        if root is None:
            return 0, 0, 0
        max_len, up, down = 0, 0, 0
        for child in root.children:
            result = self.helper(child)
            max_len = max(max_len, result[0])
            if child.val + 1 == root.val:
                down = max(down, result[1] + 1)
            if child.val - 1 == root.val:
```

```
                up = max(up, result[2] + 1)
            max_len = max(down + 1 + up, max_len)
            return max_len, down, up
# 主函数
if __name__ == '__main__':
    root = MultiTreeNode(5)
    root1 = MultiTreeNode(6)
    root2 = MultiTreeNode(4)
    root3 = MultiTreeNode(7)
    root4 = MultiTreeNode(5)
    root5 = MultiTreeNode(8)
    root6 = MultiTreeNode(3)
    root7 = MultiTreeNode(5)
    root8 = MultiTreeNode(3)
    root.children = [root1,root2]
    root1.children = [root3,root4,root5]
    root2.children = [root6,root7,root8]
    solution = Solution()
    print("输入:5 < 6 < 7 <>,5 <>,8 <>>,4 < 3 <>,5 <>,31 <>>>")
    print("输出:",solution.longestConsecutive3(root))
```

4. 运行结果

输入：5 < 6 < 7 <>,5 <>,8 <>>,4 < 3 <>,5 <>,31 <>>>
输出：5

▶ 例 152　课程表

1. 问题描述

共有 n 门课需要选择，记为 $0\sim(n-1)$。有些课程在修之前需要先修另外课程（例如，要学习课程 0，需要先学习课程 1，表示为[0,1]）。给定 n 门课及其先决条件，判断是否可能完成所有课程。

2. 问题示例

输入 $n = 2$，prerequisites = $[[1,0]]$，输出 True，即要学习课程 1，需要先学习课程 0，可以完成，返回 True。输入 $n = 2$，prerequisites = $[[1,0],[0,1]]$，输出 False，即不能完成。

3. 代码实现

```
from collections import deque
class Solution:
    # 参数 numCourses: 整数
    # 参数 prerequisites: 先修课列表对
    # 返回是否能够完成所有课程
    def canFinish(self, numCourses, prerequisites):
```

```
            edges = {i: [] for i in range(numCourses)}
            degrees = [0 for i in range(numCourses)]
            for i, j in prerequisites:
                edges[j].append(i)
                degrees[i] += 1
            queue, count = deque([]), 0
            for i in range(numCourses):
                if degrees[i] == 0:
                    queue.append(i)
            while queue:
                node = queue.popleft()
                count += 1
                for x in edges[node]:
                    degrees[x] -= 1
                    if degrees[x] == 0:
                        queue.append(x)
            return count == numCourses
# 主函数
if __name__ == '__main__':
    list1 = [[1,0]]
    n = 2
    solution = Solution()
    print("输入课程数:",n)
    print("课程关系:",list1)
    print("输出:",solution.canFinish(n,list1))
```

4. 运行结果

```
输入课程数: 2
课程关系: [[1, 0]]
输出: True
```

▶ 例 153 安排课程

1. 问题描述

需要上 n 门课才能获得学位,这些课被标号为 $0 \sim (n-1)$。有些课程需要先修课程(例如,要上课程 0,需要先学课程 1,用[0,1]表示)。给定课程的数量和先修课程要求,返回为了学完所有课程所安排的学习顺序(可以是任何正确的顺序)。如果不可能完成所有课程,返回一个空数组。

2. 问题示例

输入 $n = 2$, prerequisites $= [[1,0]]$,输出$[0,1]$。输入 $n = 4$, prerequisites $= [1,0]$, $[2,0],[3,1],[3,2]]$,输出$[0,1,2,3]$或者$[0,2,1,3]$。

3. 代码实现

```
from queue import Queue
```

```
class Solution:
    # 参数 numCourses: 整数
    # 参数 prerequisites: 课程约束关系
    # 返回课程顺序
    def findOrder(self, numCourses, prerequisites):
        edges = {i: [] for i in range(numCourses)}
        degrees = [0 for i in range(numCourses)]
        for i, j in prerequisites:
            edges[j].append(i)
            degrees[i] += 1
        queue = Queue(maxsize = numCourses)
        for i in range(numCourses):
            if degrees[i] == 0:
                queue.put(i)
        order = []
        while not queue.empty():
            node = queue.get()
            order.append(node)
            for x in edges[node]:
                degrees[x] -= 1
                if degrees[x] == 0:
                    queue.put(x)
        if len(order) == numCourses:
            return order
        return []
# 主函数
if __name__ == '__main__':
    n = 4
    list = [[1,0],[2,0],[3,1],[3,2]]
    solution = Solution()
    print("输入课程数:",n)
    print("输入约束:",list1)
    print("输出课程:",solution.findOrder(n,list1))
```

4. 运行结果

输入课程数: 4
输入约束: [[1, 0], [2, 0], [3, 1], [3, 2]]
输出课程: [0, 1, 2, 3]

▶例 154　单词表示数字

1. 问题描述

给一个非负整数 n，根据数字以英文单词输出数字大小。

2. 问题示例

输入 10245，输出 "ten thousand two hundred forty five"。

3. 代码实现

```python
class Solution:
    """
    参数 number: 整数
    返回字符串
    """
    def convertWords(self, number):
        n1 = ["", "one", "two", "three", "four", "five",
              "six", "seven", "eight", "nine", "ten",
              "eleven", "twelve", "thirteen", "fourteen", "fifteen",
              "sixteen", "seventeen", "eighteen", "nineteen"]
        n2 = ["", "ten", "twenty", "thirty", "forty",
              "fifty", "sixty", "seventy", "eighty", "ninety"]
        n3 = ['hundred', '', 'thousand', 'million', 'billion']
        res = ''
        index = 1
        if number == 0:
            return 'zero'
        elif 0 < number < 20:
            return n1[number]
        elif 20 <= number < 100:
            return n2[number // 10] + '' + n1[number]
        else:
            while number != '':
                digit = int(str(number)[-3::])
                number = (str(number)[:-3:])
                i = len(str(digit))
                r = ''
                while True:
                    if digit < 20:
                        r += n1[digit]
                        break
                    elif 20 <= digit < 100:
                        r += n2[digit // 10] + ''
                    elif 100 <= digit < 1000:
                        r += n1[digit // 100] + '' + n3[0] + ''
                    digit = digit % (10 ** (i - 1))
                    i -= 1
                if digit != 0:
                    r += '' + n3[index] + ''
                index += 1
                r += res
                res = r
            return res.strip()
if __name__ == '__main__':
    solution = Solution()
```

```
n = 10245
print("输入:",n)
print("输出:",solution.convertWords(n))
```

4. 运行结果

输入：10245

输出：ten thousand two hundred forty five

▶ 例155　最大子序列的和

1. 问题描述

给定一个整数数组,找到长度大于或等于 k 的连续子序列使它们的和最大,返回这个最大的和。如果数组中少于 k 个元素,则返回 0。

2. 问题示例

输入 $[-2,2,-3,4,-1,2,1,-5,3]$,使得长度大于或等于 $k=5$ 的连续子序列的和最大,其子序列应为 $[2,-3,4,-1,2,1]$,和为 $sum=5$。输入 $[5,-10,4]$,使得长度大于或等于 $k=2$ 的连续子序列的和最大,子序列应为 $[5,-10,4]$,输出 $sum=-1$。

3. 代码实现

```
class Solution:
    # 参数 nums: 整型数组
    # 参数 k: 整数
    # 返回最大和
    def maxSubarray(self, nums, k):
        n = len(nums)
        if n < k:
            return 0
        result = 0
        for i in range(k):
            result += nums[i]
        sum = [0 for _ in range(n + 1)]
        min_prefix = 0
        for i in range(1, n + 1):
            sum[i] = sum[i - 1] + nums[i - 1]
            if i >= k and sum[i] - min_prefix > result:
                result = max(result, sum[i] - min_prefix)
            if i >= k:
                min_prefix = min(min_prefix, sum[i - k + 1])
        return result
# 主函数
if __name__ == '__main__':
    inputnum = [-2,2,-3,4,-1,2,1,-5,3]
    k = 5
```

```
solution = Solution()
print("输入数组:", inputnum)
print("输入 k = :", k)
print("输出 sum = :", solution.maxSubarray(inputnum, k))
```

4. 运行结果

```
输入数组:[-2, 2, -3, 4, -1, 2, 1, -5, 3]
输入 k = : 5
输出 sum = : 5
```

▶ 例 156 移除子串

1. 问题描述

给出一个字符串 s 及 n 个子字符串。可以从字符串 s 中循环移除 n 个子串中的任意一个,使得剩下字符串 s 的长度最小,输出这个最小长度。

2. 问题示例

输入"ccdaabcdbb",子字符串为["ab","cd"],输出 2,移除过程为 ccdaabcdbb —> ccdacdbb —> cabb —> cb,移除后的长度为 length = 2。输入"abcabd",子字符串为["ab","abcd"],输出 0,移除过程为 abcabd —> abcd —> " ",移除后的长度为 length = 0。

3. 代码实现

```
class Solution:
    # 参数 s: 字符串
    # 参数 dict: 一组子字符串
    # 返回最小长度
    def minLength(self, s, dict):
        import queue
        que = queue.Queue()
        que.put(s)
        hash = set([s])
        min = len(s)
        while not que.empty():
            s = que.get()
            for sub in dict:
                found = s.find(sub)
                while found != -1:
                    new_s = s[:found] + s[found + len(sub):]
                    if new_s not in hash:
                        if len(new_s) < min:
                            min = len(new_s)
                        que.put(new_s)
                        hash.add(new_s)
                    found = s.find(sub, found + 1)
```

```
        return min
# 主函数
if __name__ == '__main__':
    inputwords = "ccdaabcdbb"
    k = ["ab","cd"]
    solution = Solution()
    print("输入字符串:",inputwords)
    print("输入的子串:",k)
    print("字符串长度:",solution.minLength(inputwords,k))
```

4. 运行结果

```
输入字符串：ccdaabcdbb
输入的子串：['ab', 'cd']
字符串长度：2
```

▶ 例 157　数组划分

1. 问题描述

将一个没有排序的整数数组划分为 3 部分：第 1 部分中所有的值都小于 low；第 2 部分中所有的值都大于或等于 low，小于或等于 high；第 3 部分中所有的值都大于 high。返回任意一种可能的情况。在所有测试数组中都有 low<=high。

2. 问题示例

输入 $[4,3,4,1,2,3,1,2]$，$m=2$，$n=3$，输出 $[1,1,2,3,2,3,4,4]$。$[1,1,2,2,3,3,4,4]$ 也是正确的，但 $[1,2,1,2,3,3,4,4]$ 是错误的。输入 $[3,2,1]$，$m=2$，$n=3$，输出 $[1,2,3]$。

3. 代码实现

```
class Solution:
    # 参数 nums: 整型数组
    # 参数 low: 整型
    # 参数 high: 整型
    # 返回任意可能的解
    def partition2(self, nums, low, high):
        if len(nums) <= 1:
            return
        pl, pr = 0, len(nums) - 1
        i = 0
        while i <= pr:
            if nums[i] < low:
                nums[pl], nums[i] = nums[i], nums[pl]
                pl += 1
                i += 1
            elif nums[i] > high:
                nums[pr], nums[i] = nums[i], nums[pr]
```

```
                    pr -= 1
            else:
                    i += 1
        return nums
# 主函数
if __name__ == '__main__':
    inputnum = [4,3,4,1,2,3,1,2]
    low = 2
    high = 3
    solution = Solution()
    print("输入数组:", inputnum)
    print("输入下限:", low)
    print("输入上限:", high)
    print("输出结果:", solution.partition2(inputnum, low, high))
```

4. 运行结果

```
输入数组: [4, 3, 4, 1, 2, 3, 1, 2]
输入下限: 2
输入上限: 3
输出结果: [1, 1, 2, 3, 2, 3, 4, 4]
```

▶ 例 158   矩形重叠

1. 问题描述

给定两个矩形,判断这两个矩形是否有重叠。其中 l1 代表第一个矩形的左上角,r1 代表第一个矩形的右下角;l2 代表第二个矩形的左上角,r2 代表第二个矩形的右下角。只要满足 l1 != r2 并且 l2 != r1,两个矩形就没有重叠的部分,否则就有重叠的部分。

2. 问题示例

输入 l1 = [0, 8],r1 = [8, 0],l2 = [6, 6],r2 = [10, 0],输出 True,即两个矩形有重叠的部分。输入[0, 8],r1 = [8, 0],l2 = [9, 6],r2 = [10, 0],输出 False,即两个矩形没有重叠的部分。

3. 代码实现

```
# 定义一个点
class Point:
    def __init__(self, a = 0, b = 0):
        self.x = a
        self.y = b
class Solution:
    # 参数 l1: 第一个长方形左上角的坐标
    # 参数 r1: 第一个长方形右下角的坐标
    # 参数 l2: 第二个长方形左上角的坐标
    # 参数 r2: 第二个长方形右下角的坐标
```

```
    # 如果重叠返回 True
    def doOverlap(self, l1, r1, l2, r2):
        if l1.x > r2.x or l2.x > r1.x:
            return False
        if l1.y < r2.y or l2.y < r1.y:
            return False
        return True
# 主函数
if __name__ == '__main__':
    l1 = Point(0,8)
    r1 = Point(8,0)
    l2 = Point(6,6)
    r2 = Point(10,0)
    solution = Solution()
    print("输入矩形一: l1 = (0,8), r1 = Point(8,0)")
    print("输入矩形二: l2 = (6,6), r2 = Point(10,0)")
    print("输出的结果:", solution.doOverlap(l1,r1,l2,r2))
```

4. 运行结果

输入矩形一: l1 = (0,8), r1 = Point(8,0)
输入矩形二: l2 = (6,6), r2 = Point(10,0)
输出的结果: True

▶例 159　最长回文串

1. 问题描述

给出一个包含大小写字母的字符串,求出由这些字母构成最长的回文串长度。其中,数据是大小写敏感的,也就是说,"Aa"并不是回文串。

2. 问题示例

输入 s = "abccccdd",输出 7,一种可以构建出来的最长回文串方案是"dccaccd"。

3. 代码实现

```
class Solution:
    # 参数 s: 包含大小写的字符串
    # 返回能构建的最长回文串 4
    def longestPalindrome(self, s):
        hash = {}
        for c in s:
            if c in hash:
                del hash[c]
            else:
                hash[c] = True
        remove = len(hash)
        if remove > 0:
```

```
            remove -= 1
        return len(s) - remove
# 主函数
if __name__ == '__main__':
    inputnum = "abccccdd"
    solution = Solution()
    print("输入字符串:",inputnum)
    print("输出回文长度:",solution.longestPalindrome(inputnum))
```

4. 运行结果

```
输入字符串: abccccdd
输出回文长度: 7
```

▶ 例 160 最大子树

1. 问题描述

给定二叉树,找出二叉树中的一棵子树,使其所有节点之和最大,返回这棵子树的根节点。

2. 问题示例

输入如下二叉树,输出为 3,即所有节点之和最大的子树根节点是 3。

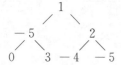

3. 代码实现

```
# 定义一个多节点的树
class TreeNode(object):
    def __init__(self, x):
        self.val = x
        self.left = None
        self.right = None
class Solution:
    # 参数 root: 二叉树根
    # 返回最大的子树根节点值
    import sys
    maximum_weight = 0
    result = None
    def findSubtree(self, root):
        self.helper(root)
        return self.result.val
    def helper(self, root):
        if root is None:
            return 0
        left_weight = self.helper(root.left)
```

```
        right_weight = self.helper(root.right)

        if left_weight + right_weight + root.val >= self.maximum_weight or self.result is None:
            self.maximum_weight = left_weight + right_weight + root.val
            self.result = root
        return left_weight + right_weight + root.val
#主函数
if __name__ == '__main__':
    root = TreeNode(1)
    root1 = TreeNode(-5)
    root2 = TreeNode(2)
    root3 = TreeNode(0)
    root4 = TreeNode(3)
    root5 = TreeNode(-4)
    root6 = TreeNode(-5)
    root.left = root1
    root.right = root2
    root1.left = root3
    root1.right = root4
    root2.left = root5
    root2.right = root6
    solution = Solution()
    print("输入:[1, -5 2,0 3 -4 -5]")
    print("输出:", solution.findSubtree(root))
```

4. 运行结果

```
输入: [1, -5 2,0 3 -4 -5]
输出: 3
```

▶例161　最小生成树

1. 问题描述

给出一些 Connections(即 Connections 类),找到能够将所有城市都连接起来并且花费最小的边。

如果可以将所有城市都连接起来,则返回这个连接方法;否则,返回一个空列表。

2. 问题示例

给出 Connections = ["Acity","Bcity",1], ["Acity","Ccity",2], ["Bcity","Ccity",3]
返回["Acity","Bcity",1], ["Acity","Ccity",2]。

3. 代码实现

```
#定义 Connection
class Connection:
    def __init__(self, city1, city2, cost):
```

```python
        self.city1, self.city2, self.cost = city1, city2, cost
    def comp(a, b):
        if a.cost != b.cost:
            return a.cost - b.cost
        if a.city1 != b.city1:
            if a.city1 < b.city1:
                return -1
            else:
                return 1
        if a.city2 == b.city2:
            return 0
        elif a.city2 < b.city2:
            return -1
        else:
            return 1
class Solution:
    # @param {Connection[]} connections 城市和花费的 List
    # @return {Connection[]} 返回这个 type
    def lowestCost(self, connections):
        # Write your code here
        cmp = 0
        # connections.sort()
        hash = {}
        n = 0
        for connection in connections:
            if connection.city1 not in hash:
                n += 1
                hash[connection.city1] = n
            if connection.city2 not in hash:
                n += 1
                hash[connection.city2] = n
        father = [0 for _ in range(n + 1)]
        results = []
        for connection in connections:
            num1 = hash[connection.city1]
            num2 = hash[connection.city2]
            root1 = self.find(num1, father)
            root2 = self.find(num2, father)
            if root1 != root2:
                father[root1] = root2
                results.append(connection)
        if len(results) != n - 1:
            return []
        return results
    def find(self, num, father):
        if father[num] == 0:
            return num
```

```
            father[num] = self.find(father[num], father)
            return father[num]
# 主函数
if __name__ == '__main__':
    conn = Connection("Acity","Bcity",1)
    conn1 = Connection("Acity","Ccity",2)
    conn2 = Connection("Bcity","Ccity",3)
    connections = [conn,conn1,conn2]
    solution = Solution()
    ci01 = solution.lowestCost(connections)[0].city1
    ci02 = solution.lowestCost(connections)[0].city2
    co0 = solution.lowestCost(connections)[0].cost
    ci11 = solution.lowestCost(connections)[1].city1
    ci12 = solution.lowestCost(connections)[1].city2
    ci1 = solution.lowestCost(connections)[1].cost
    print("输出:"[[ci01,ci02,co0],[ci11,ci12,ci1]])
```

4. 运行结果

输出: [['Acity', 'Bcity', 1], ['Acity', 'Ccity', 2]]

▶ 例162 骑士的最短路径

1. 问题描述

在一个 $n * m$ 的棋盘中(用二维矩阵中 0 表示空,1 表示有障碍物),骑士的初始位置是 $(0,0)$,想要达到 $(n - 1, m - 1)$ 位置,骑士只能从左边走到右边。找出骑士到目标位置所需要走的最短路径并返回其长度,如果骑士无法到达则返回 -1。如果骑士所在位置为 (x,y),那么一步可以到达以下位置 $(x + 1, y + 2)$,$(x - 1, y + 2)$,$(x + 2, y + 1)$,$(x - 2, y + 1)$。

2. 问题示例

输入 $[[0,0,0,0],[0,0,0,0],[0,0,0,0]]$,输出 3,即按照 $[0,0]->[2,1]->[0,2]->[2,3]$ 到达终点。输入 $[[0,1,0],[0,0,1],[0,0,0]]$,输出 -1,即无法到达终点。

3. 代码实现

```
import sys
class Solution:
    # 参数 grid: 棋盘
    # 返回最短路径长度
    def shortestPath2(self, grid):
        n = len(grid)
        if n == 0:
            return -1
        m = len(grid[0])
        if m == 0:
```

```
                return -1
        f = [ [sys.maxsize for j in range(m)] for _ in range(n)]
        f[0][0] = 0
        for j in range(m):
            for i in range(n):
                if not grid[i][j]:
                    if i >= 1 and j >= 2 and f[i - 1][j - 2] != sys.maxsize:
                        f[i][j] = min(f[i][j], f[i - 1][j - 2] + 1)
                    if i + 1 < n and j >= 2 and f[i + 1][j - 2] != sys.maxsize:
                        f[i][j] = min(f[i][j], f[i + 1][j - 2] + 1)
                    if i >= 2 and j >= 1 and f[i - 2][j - 1] != sys.maxsize:
                        f[i][j] = min(f[i][j], f[i - 2][j - 1] + 1)
                    if i + 2 < n and j >= 1 and f[i + 2][j - 1] != sys.maxsize:
                        f[i][j] = min(f[i][j], f[i + 2][j - 1] + 1)
        if f[n - 1][m - 1] == sys.maxsize:
            return -1
        return f[n - 1][m - 1]
# 主函数
if __name__ == '__main__':
    inputnum = [[0,0,0,0],[0,0,0,0],[0,0,0,0]]
    solution = Solution()
    print("输入:", inputnum)
    print("输出:", solution.shortestPath2(inputnum))
```

4. 运行结果

```
输入: [[0, 0, 0, 0], [0, 0, 0, 0], [0, 0, 0, 0]]
输出: 3
```

▶例 163　最大矩阵

1. 问题描述

给出只有 0 和 1 组成的二维矩阵,找出最大的一个子矩阵,使得这个矩阵对角线上全为 1,其他位置全为 0,输出元素的个数。

2. 问题示例

输入[[1,0,1,0,0],[1,0,0,1,0],[1,1,0,0,1],[1,0,0,1,0]]。输出 9,从点[0,2]到点[2,4],组成了一个 3 * 3 矩阵,对角线上全为 1,其他位置全为 0。输入[[1,0,1,0,1],[1,0,0,1,1],[1,1,1,1,1],[1,0,0,1,0]],输出 4,从点[0,2]到点[1,3],组成了一个 2 * 2 矩阵,对角线上全为 1,其他位置全为 0。

3. 代码实现

```
class Solution:
    # 参数 matrix: 矩阵
    # 返回整数
```

```
        def maxSquare2(self, matrix):
            if not matrix or not matrix[0]:
                return 0
            n, m = len(matrix), len(matrix[0])
            f = [[0] * m, [0] * m]
            up = [[0] * m, [0] * m]
            for i in range(m):
                f[0][i] = matrix[0][i]
                up[0][i] = 1 - matrix[0][i]
            edge = max(matrix[0])
            for i in range(1, n):
                f[i % 2][0] = matrix[i][0]
                up[i % 2][0] = 0 if matrix[i][0] else up[(i - 1) % 2][0] + 1
                left = 1 - matrix[i][0]
                for j in range(1, m):
                    if matrix[i][j]:
                        f[i % 2][j] = min(f[(i - 1) % 2][j - 1], left, up[(i - 1) % 2][j]) + 1
                        up[i % 2][j] = 0
                        left = 0
                    else:
                        f[i % 2][j] = 0
                        up[i % 2][j] = up[(i - 1) % 2][j] + 1
                        left += 1
                edge = max(edge, max(f[i % 2]))
            return edge * edge
# 主函数
if __name__ == '__main__':
    inputnum = [[1,0,1,0,0],[1,0,0,1,0],[1,1,0,0,1],[1,0,0,1,0]]
    solution = Solution()
    print("输入:", inputnum)
    print("输出:",solution.maxSquare2(inputnum))
```

4. 运行结果

输入: [[1, 0, 1, 0, 0], [1, 0, 0, 1, 0], [1, 1, 0, 0, 1], [1, 0, 0, 1, 0]]
输出: 9

▶ 例164 二叉树的最大节点

1. 问题描述

在二叉树中寻找值最大的节点并返回值。

2. 问题示例

输入如下二叉树,最大的节点为3,返回3。

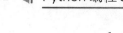

输入如下二叉树,最大的节点为 10,返回 10。

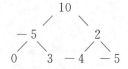

3. 代码实现

```python
class TreeNode(object):
    def __init__(self, x):
        self.val = x
        self.left = None
        self.right = None
class Solution:
    # 参数 root: 二叉树根
    # 返回最大节点值
    def maxNode(self, root):
        if root is None:
            return root
        left = self.maxNode(root.left)
        right = self.maxNode(root.right)
        return self.max(root, self.max(left, right))
    def max(self, a, b):
        if a is None:
            return b
        if b is None:
            return a
        if a.val > b.val:
            return a
        return b
# 主函数
if __name__ == '__main__':
    root = TreeNode(1)
    root1 = TreeNode(-5)
    root2 = TreeNode(3)
    root3 = TreeNode(1)
    root4 = TreeNode(2)
    root5 = TreeNode(-4)
    root6 = TreeNode(-5)
    root.left = root1
    root.right = root2
    root1.left = root3
    root1.right = root4
```

```
        root2.left = root5
        root2.right = root6
        solution = Solution()
        print("输入:[1, - 5 3,1 2 - 4 - 5]")
        print("输出:",solution.maxNode(root).val)
```

4. 运行结果

```
输入: [1, - 5 3,1 2 - 4 - 5]
输出: 3
```

▶ 例165　寻找重复的数

1. 问题描述

给出一个包含 $n + 1$ 个整数的数组 nums,数组中整数值在 $1\sim n$ 范围内(包括边界),保证至少存在 1 个重复的整数。假设只有 1 个重复的整数,返回这个重复的数。要求如下: 不能修改数组(假设数组只能读); 数组中只有 1 个重复的数,但可能重复超过 1 次。

2. 问题示例

给出 nums = $[5,5,4,3,2,1]$,返回 5。给出 nums = $[5,4,4,3,2,1]$,返回 4。

3. 代码实现

```
class Solution:
    # 参数 nums: 整型数组
    # 返回重复的数
    def findDuplicate(self, nums):
        start, end = 1, len(nums) - 1
        while start + 1 < end:
            mid = (start + end) // 2
            if self.smaller_than_or_equal_to(nums, mid) > mid:
                end = mid
            else:
                start = mid
        if self.smaller_than_or_equal_to(nums, start) > start:
            return start
        return end
    def smaller_than_or_equal_to(self, nums, val):
        count = 0
        for num in nums:
            if num <= val:
                count += 1
        return count
# 主函数
if __name__ == '__main__':
    inputnum = [5,5,4,3,2,1]
```

```
solution = Solution()
print("输入:",inputnum)
print("输出:",solution.findDuplicate(inputnum))
```

4. 运行结果

```
输入: [5, 5, 4, 3, 2, 1]
输出: 5
```

▶例 166   拼字游戏

1. 问题描述

给定一个 2D 矩阵,包括 a~z 和字典 dict,找到矩阵上最大的单词集合(这些单词不能在相同的位置重叠),返回最大集合的大小。字典中的单词不重复;可以重复使用字典中的单词。

2. 问题示例

给一个如下的矩阵:

[['a', 'b', 'c'],

['d', 'e', 'f'],

['g', 'h', 'i']]

dict = ["abc", "cfi", "beh", "defi", "gh"],返回 3,也就是可以得到最大的集合为 ["abc", "defi", "gh"]。

3. 代码实现

```python
import collections
class TrieNode(object):
    def __init__(self, value = 0):
        self.value = value
        self.isWord = False
        self.children = collections.OrderedDict()
    @classmethod
    def insert(cls, root, word):
        p = root
        for c in word:
            child = p.children.get(c)
            if not child:
                child = TrieNode(c)
                p.children[c] = child
            p = child
        p.isWord = True
class Solution:
    # 参数 board: 字符列表
    # 参数 words: 字符串列表
```

```python
# 返回整数
def boggleGame(self, board, words):
    self.board = board
    self.words = words
    self.m = len(board)
    self.n = len(board[0])
    self.results = []
    self.temp = []
    self.visited = [[False for _ in range(self.n)] for _ in range(self.m)]
    self.root = TrieNode()
    for word in words:
        TrieNode.insert(self.root, word)
    self.dfs(0, 0, self.root)
    return len(self.results)
def dfs(self, x, y, root):
    for i in range(x, self.m):
        for j in range(y, self.n):
            paths = []
            temp = []
            self.getAllPaths(i, j, paths, temp, root)
            for path in paths:
                word = ''
                for px, py in path:
                    word += self.board[px][py]
                    self.visited[px][py] = True
                self.temp.append(word)
                if len(self.temp) > len(self.results):
                    self.results = self.temp[:]
                self.dfs(i, j, root)
                self.temp.pop()
                for px, py in path:
                    self.visited[px][py] = False
        y = 0
def getAllPaths(self, i, j, paths, temp, root):
    if i < 0 or i >= self.m or j < 0 or j >= self.n or \
        self.board[i][j] not in root.children or \
        self.visited[i][j] == True:
        return
    root = root.children[self.board[i][j]]
    if root.isWord:
        temp.append((i, j))
        paths.append(temp[:])
        temp.pop()
        return
    self.visited[i][j] = True
    deltas = [(0, 1), (0, -1), (1, 0), (-1, 0)]
    for dx, dy in deltas:
```

```
                newx = i + dx
                newy = j + dy
                temp.append((i,j))
                self.getAllPaths(newx, newy, paths, temp, root)
                temp.pop()
        self.visited[i][j] = False
# 主函数
if __name__ == '__main__':
    inputnum = [['a', 'b', 'c'],
['d', 'e', 'f'],
['g', 'h', 'i']]
    dictw = ["abc", "cfi", "beh", "defi", "gh"]
    solution = Solution()
    print("输入字符:",inputnum)
    print("输入字典:",dictw)
    print("输出个数:",solution.boggleGame(inputnum,dictw))
```

4. 运行结果

```
输入字符:[['a', 'b', 'c'], ['d', 'e', 'f'], ['g', 'h', 'i']]
输入字典:['abc', 'cfi', 'beh', 'defi', 'gh']
输出个数:3
```

▶ 例 167   132 模式识别

1. 问题描述

给定 n 个整数的序列 $a1, a2, \cdots, an$。设计一个算法来检查序列中是否存在 132 模式（一个 132 模式是对于一个子串 ai, aj, ak，满足 $i < j < k$ 和 $ai < ak < aj$）。n 小于 20 000。

2. 问题示例

输入 nums $= [1, 2, 3, 4]$，输出 False，即在这个序列中没有 132 模式。输入 nums $= [3, 1, 4, 2]$，输出 True，存在 132 模式 $[1, 4, 2]$。

3. 代码实现

```
class Solution:
    # 参数 nums: 整数列表
    # 返回 True 或者 False
    def find132pattern(self, nums):
        stk = [-sys.maxsize]
        for i in range(len(nums)-1, -1, -1):
            if nums[i] < stk[-1]:
                return True
            else:
                while stk and nums[i] > stk[-1]:
                    v = stk.pop()
```

```
                stk.append(nums[i])
                stk.append(v)
        return False
#主函数
if __name__ == '__main__':
    inputnum = [1, 2, 3, 4]
    solution = Solution()
    print("输入:",inputnum)
    print("输出:",solution.find132pattern(inputnum))
```

4. 运行结果

```
输入: [3, 1, 4, 2]
输出: True
```

▶例 168 检查缩写字

1. 问题描述

给定一个非空字符串 word 和缩写 abbr,判断字符串是否可以和给定的缩写匹配。例如一个"word"的字符串仅包含以下有效缩写:["word", "1ord", "w1rd", "wo1d", "wor1", "2rd", "w2d", "wo2", "1o1d", "1or1", "w1r1", "1o2", "2r1", "3d", "w3", "4"]。

2. 问题示例

输入 s = "internationalization",abbr = "i12iz4n",输出 True,即字符串可以缩写为所示的样式。输入 s = "apple",abbr = "a2e",输出 False,即字符串中间有 3 个字符,不能实现缩写。

3. 代码实现

```
class Solution:
    #参数 word: 字符串
    #参数 abbr: 字符串
    #返回布尔类型
    def validWordAbbreviation(self, word, abbr):
        i = 0
        j = 0
        while i < len(word) and j < len(abbr):
            if word[i] == abbr[j]:
                i += 1
                j += 1
            elif abbr[j].isdigit() and abbr[j] != '0':
                start = j
                while j < len(abbr) and abbr[j].isdigit():
                    j += 1
                i += int(abbr[start : j])
            else:
```

```
                return False
            return i == len(word) and j == len(abbr)
# 主函数
if __name__ == '__main__':
    s = "internationalization"
    abbr = "i12iz4n"
    solution = Solution()
    print("输入:",s)
    print("缩写:",abbr)
    print("输出:",solution.validWordAbbreviation(s,abbr))
```

4. 运行结果

```
输入: internationalization
缩写: i12iz4n
输出: True
```

▶例 169 一次编辑距离

1. 问题描述

给出两个字符串 S 和 T,判断它们是否只差 1 步编辑,即可变成相同的字符串。

2. 问题示例

输入 s = "aDb",t = "adb",输出 True。输入 s = "ab",t = "ab",输出 False,因为 s = t,所以不相差一次编辑的距离。

3. 代码实现

```
class Solution:
    # 参数 s: 字符串
    # 参数 t: 字符串
    # 返回布尔类型
    def isOneEditDistance(self, s, t):
        m = len(s)
        n = len(t)
        if abs(m - n) > 1:
            return False
        if m > n:
            return self.isOneEditDistance(t, s)
        for i in range(m):
            if s[i] != t[i]:
                if m == n:
                    return s[i + 1:] == t[i + 1:]
                return s[i:] == t[i + 1:]
        return m != n
# 主函数
if __name__ == '__main__':
```

```
        s = "aDb"
        t = "adb"
        solution = Solution()
        print("输入字符串 s:",s)
        print("输入字符串 t:",t)
        print("输出:",solution.isOneEditDistance(s,t))
```

4. 运行结果

输入字符串 s: aDb
输入字符串 t: adb
输出: True

▶例170 数据流滑动窗口平均值

1. 问题描述

给出一串整数流和窗口大小,计算滑动窗口中所有整数的平均值。

2. 问题示例

如果定义 MovingAverage m = new MovingAverage(3),则 $m.next(1) = 1$,即返回 $1.000\,00$; $m.next(10) = (1 + 10) / 2$,即返回 $5.500\,00$; $m.next(3) = (1 + 10 + 3) / 3$,即返回 $4.666\,67$; $m.next(5) = (10 + 3 + 5) / 3$,即返回 $6.000\,00$。

3. 代码实现

```
from collections import deque
class MovingAverage(object):
    def __init__(self, size):
        self.queue = deque([])
        self.size = size
        self.sum = 0.0
    def next(self, val):
        if len(self.queue) == self.size:
            self.sum -= self.queue.popleft()
        self.sum += val
        self.queue.append(val)
        return self.sum / len(self.queue)
if __name__ == '__main__':
    solution = MovingAverage(3)
    print("输入数据流:1,10,3,5")
    print("输出流动窗 1:",solution.next(1))
    print("输出流动窗 2:",solution.next(10))
    print("输出流动窗 3:",solution.next(3))
    print("输出流动窗 4:",solution.next(5))
```

4. 运行结果

输入数据流: 1,10,3,5

输出流动窗 1：1.0
输出流动窗 2：5.5
输出流动窗 3：4.666 666 666 666 667
输出流动窗 4：6.0

▶ 例 171　最长绝对文件路径

1. 问题描述

通过以下的方式用字符串抽象文件系统：字符串"dir\n\tsubdir1\n\tsubdir2\n\t\tfile. ext"代表目录 dir 包含一个空子目录 subdir1 和一个包含文件 file. ext 的子目录 subdir2。

字符串"dir\n\tsubdir1\n\t\tfile1. ext\n\t\tsubsubdir1\n\tsubdir2\n\t\tsubsubdir2\n\t\t\tfile2. ext"代表如下的文件结构：

```
dir
    subdir1
        file1. ext
        subsubdir1
    subdir2
        subsubdir2
            file2. ext
```

目录 dir 包含两个子目录 subdir1 和 subdir2。subdir1 包含一个文件 file1. ext 和一个空的二级子目录 subsubdir1。subdir2 包含一个 file2. ext 的二级子目录 subsubdir2。

找到文件系统中文件的最长绝对路径（字符数）。例如，在上面的例子中，最长的绝对路径是"dir/subdir2/subsubdir2/file2. ext"，其字符串长度为 32（不包括双引号）。

给定一个以上述格式表示文件系统的字符串，返回抽象文件系统中文件最长绝对路径的长度。如果系统中没有文件，则返回 0。规则如下：一个文件的名称至少包含一个"."和扩展名；目录或子目录的名称不会包含"."。

2. 问题示例

输入"dir\n\tsubdir1\n\tsubdir2\n\t\tfile. ext"，输出 20，即"dir/subdir2/file. ext"的字符串长度为 20。

输入"dir\n\tsubdir1\n\t\tfile1. ext\n\t\tsubsubdir1\n\tsubdir2\n\t\tsubsubdir2\n\t\t\tfile2. ext"，输出 32，即"dir/subdir2/subsubdir2/file2. ext"的字符串长度为 32。

3. 代码实现

```python
import re
import collections
class Solution:
    # 参数 input：抽象的文件系统
```

```
# 返回最长文件的绝度路径长度
def lengthLongestPath(self, input):
    dict = collections.defaultdict(lambda: "")
    lines = input.split("\n")
    n = len(lines)
    result = 0
    for i in range(n):
        count = lines[i].count("\t")
        lines[i] = dict[count - 1] + re.sub("\\t+","/", lines[i])
        if "." in lines[i]:
            result = max(result, len(lines[i]))
        dict[count] = lines[i]
    return result
# 主函数
if __name__ == '__main__':
    inputwords = "dir\n\tsubdir1\n\t\tfile1.ext\n\t\tsubsubdir1\n\tsubdir2\n\t\tsubsubdir2\n\t\t\tfile2.ext"
    solution = Solution()
    print("输入:",inputwords)
    print("输出:",solution.lengthLongestPath(inputwords))
```

4. 运行结果

```
输入:
dir
    subdir1
        file1.ext
        subsubdir1
    subdir2
        subsubdir2
            file2.ext
输出: 32
```

▶ 例172　识别名人

1. 问题描述

假设你和 n 个人(标记为 $0 \sim n-1$)在聚会,其中可能存在一个名人。名人的定义是所有其他 $n-1$ 人都认识他/她,但他/她不认识任何一个人。现在要验证这个名人不存在。唯一可以做的就是提出问题"A,你认识 B 吗",获取 A 是否认识 B。编写辅助函数 bool know(a,b),确认 A 是否认识 B;编写一个函数 int findCelebrity(n),实现具体功能。

2. 问题示例

输入 2,0 认识 1,1 不认识 0,则输出 1,因为所有人都认识 1,而且 1 不认识其他人,即 1 是名人。输入 3,0 不认识 1,0 不认识 2,1 认识 0,1 不认识 2,2 认识 0,2 认识 1,则输出 −1,没有名人。

3. 代码实现

```python
# 假定 0 认识 1,1 不认识 0
class Celebrity:
    def knows(a,b):
        if a == 0 and b == 1:
            return True
        if a == 1 and b == 0:
            return False
class Solution:
    # 参数 n: 整数
    # 返回整数
    def findCelebrity(self, n):
        celeb = 0
        for i in range(1, n):
            if Celebrity.knows(celeb, i):
                celeb = i
        for i in range(n):
            if celeb != i and Celebrity.knows(celeb, i):
                return -1
            if celeb != i and not Celebrity.knows(i, celeb):
                return -1
        return celeb
# 主函数
if __name__ == '__main__':
    n = 2
    solution = Solution()
    print("输入:",n)
    print("输出:",solution.findCelebrity(n))
```

4. 运行结果

```
输入: 2
输出: 1
```

▶例 173 第一个独特字符位置

1. 问题描述

给出一个字符串,找到字符串中第一个不重复的字符,返回它的下标。如不存在则返回 -1。

2. 问题示例

输入 s = "longterm",输出 0,输入 s = "lovelongterm",输出 2。

3. 代码实现

```python
class Solution:
```

```
# 参数 s: 字符串
# 返回整数
def firstUniqChar(self, s):
    alp = {}
    for c in s:
        if c not in alp:
            alp[c] = 1
        else:
            alp[c] += 1
    index = 0
    for c in s:
        if alp[c] == 1:
            return index
        index += 1
    return -1
# 主函数
if __name__ == '__main__':
    s = "lintcode"
    solution = Solution()
    print("输入:", s)
    print("输出:", solution.firstUniqChar(s))
```

4. 运行结果

```
输入: longterm
输出: 0
```

▶ 例174 子串字谜

1. 问题描述

给定一个字符串 s 和一个非空字符串 p,找到在 s 中所有关于 p 的字谜起始索引。字符串仅由小写英文字母组成,字符串 s 和 p 的长度不大于 40 000。

2. 问题示例

输入 s = "cbaebabacd",p = "abc",输出[0,6],子串起始索引 index = 0 是"cba",是"abc"的字谜。子串起始索引 index = 6 是"bac",是"abc"的字谜。

3. 代码实现

```
class Solution:
    # 参数 s: 字符串
    # 参数 p: 字符串
    # 返回索引列表
    def findAnagrams(self, s, p):
        ans = []
        sum = [0 for x in range(0,30)]
```

```
        plength = len(p)
        slength = len(s)
        for i in range(plength):
            sum[ord(p[i]) - ord('a')] += 1
        start = 0
        end = 0
        matched = 0
        while end < slength:
            if sum[ord(s[end]) - ord('a')] >= 1:
                matched += 1
            sum[ord(s[end]) - ord('a')] -= 1
            end += 1
            if matched == plength:
                ans.append(start)
            if end - start == plength:
                if sum[ord(s[start]) - ord('a')] >= 0:
                    matched -= 1
                sum[ord(s[start]) - ord('a')] += 1
                start += 1
        return ans
# 主函数
if __name__ == '__main__':
    s = "cbaebabacd"
    p = "abc"
    solution = Solution()
    print("输入字符串:",s)
    print("输入子串:",p)
    print("输出索引:",solution.findAnagrams(s,p))
```

4. 运行结果

输入字符串: cbaebabacd
输入子串: abc
输出索引: [0, 6]

▶ 例 175 单词缩写集

1. 问题描述

根据以下规则缩写单词：只保留首尾字母，中间缩写以中间部分的字符串长度表示。
例如：

（1）it——it(没有缩写)

（2）d¦uc¦k——d2k(缩去 2 个字符)

（3）s¦ometim¦e——s6e(缩去 6 个字符)

假设有一个字典和一个单词，判断这个单词的缩写在字典中是否唯一。

2. 问题示例

输入［"deer"，"door"，"cake"，"card"］，字典中所有单词的缩写为［"d2r"，"d2r"，"c2e"，"c2d"］。isUnique("dear")，输出 False；isUnique("cart")，输出 True。因为"dear"的缩写是"d2r"，在字典中；"cart"的缩写是"c2t"，不在字典中。isUnique("cane")，输出为 False；isUnique("make")，输出为 True。因为"cane"的缩写是"c2e"，在字典中；"make"的缩写是"m2e"，不在字典中。

3. 代码实现

```python
class ValidWordAbbr:
    def __init__(self, dictionary):
        self.map = {}
        for word in dictionary:
            abbr = self.word_to_abbr(word)
            if abbr not in self.map:
                self.map[abbr] = set()
            self.map[abbr].add(word)
    def word_to_abbr(self, word):
        if len(word) <= 1:
            return word
        return word[0] + str(len(word[1:-1])) + word[-1]
    def isUnique(self, word):
        abbr = self.word_to_abbr(word)
        if abbr not in self.map:
            return True
        for word_in_dict in self.map[abbr]:
            if word != word_in_dict:
                return False
        return True
# 主函数
if __name__ == '__main__':
    dic = ["deer", "door", "cake", "card"]
    solution = ValidWordAbbr(dic)
    print("输入字典:", dic)
    print("输入单词: dear")
    print("输出结果:", solution.isUnique("dear"))
    print("输入单词: cart")
    print("输出结果:", solution.isUnique("cart"))
```

4. 运行结果

```
输入字典: ['deer', 'door', 'cake', 'card']
输入单词: dear
输出结果: False
输入单词: cart
输出结果: True
```

▶例 176　二叉树翻转

1．问题描述

给出一个二叉树，其中所有右节点可能是具有兄弟节点的叶子节点（即有一个相同父节点的左节点）或空白。将其倒置并转换为树，其中原来的右节点变为左叶子节点。返回新的根节点。

2．问题示例

给出一个二叉树，表示为{1,2,3,4,5}。

返回二叉树如下所示，表示为{4,5,2,♯,♯,3,1}。

3．代码实现

```
class TreeNode:
    def __init__(self, val):
        self.val = val
        self.left, self.right = None, None
class Solution:
    def upsideDownBinaryTree(self, root):
        if root is None:
            return None
        return self.dfs(root)
    def dfs(self, root):
        if root.left is None:
            return root
        newRoot = self.dfs(root.left)
        root.left.right = root
        root.left.left = root.right
        root.left = None
        root.right = None
        return newRoot
# 主函数
if __name__ == '__main__':
    root1 = TreeNode(1)
    root2 = TreeNode(2)
    root3 = TreeNode(3)
```

```
root4 = TreeNode(4)
root5 = TreeNode(5)
inputnum = [1,2,3,4,5,"#","#"]
root1.left = root2
root1.right = root3
root2.left = root4
root2.right = root5
solution = Solution()
a = solution.upsideDownBinaryTree(root1)
a0 = a.val
a1 = a.left.val
a2 = a.right.val
a3 = '#'
a4 = '#'
a5 = a.right.left.val
a6 = a.right.right.val
aa = [a0,a1,a2,a3,a4,a5,a6]
print("输入",inputnum)
print("输出",aa)
```

4. 运行结果

```
输入: [1, 2, 3, 4, 5, '#', '#']
输出: [4, 5, 2, '#', '#', 3, 1]
```

▶ 例177　二叉树垂直遍历

1. 问题描述

给定二叉树,返回其节点值的垂直遍历顺序,即逐列从上到下。如果两个节点在同一行和同一列中,则顺序为从左到右。

2. 问题示例

输入二叉树,表示为{3,9,20,#,#,15,7},输出[[9],[3,15],[20],[7]]。

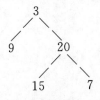

3. 代码实现

```
import collections
import queue as Queue
class TreeNode:
    def __init__(self, val):
        self.val = val
```

```
                self.left, self.right = None, None
        class Solution:
            # 参数 root: 二叉树根
            # 返回整型列表
            def verticalOrder(self, root):
                results = collections.defaultdict(list)
                queue = Queue.Queue()
                queue.put((root, 0))
                while not queue.empty():
                    node, x = queue.get()
                    if node:
                        results[x].append(node.val)
                        queue.put((node.left, x - 1))
                        queue.put((node.right, x + 1))
                return [results[i] for i in sorted(results)]
        # 主函数
        if __name__ == '__main__':
            root = TreeNode(3)
            root1 = TreeNode(9)
            root2 = TreeNode(20)
            root3 = TreeNode(15)
            root4 = TreeNode(7)
            root.left = root1
            root.right = root2
            root2.left = root3
            root2.right = root4
            solution = Solution()
            a = solution.verticalOrder(root)
            print("输入: [3,9,20,#,#,15,7]")
            print("输出:",a)
```

4. 运行结果

输入: [3,9,20,#,#,15,7]
输出: [[9], [3, 15], [20], [7]]

▶ 例 178   因式分解

1. 问题描述

非负数可以被视为其因数的乘积,编写一个函数来返回整数 n 的因数的所有可能组合。组合中的元素($a1, a2, \cdots, ak$)必须是非降序,即 $a1 \leqslant a2 \leqslant \cdots \leqslant ak$。结果集中不能包含重复的组合。

2. 问题示例

输入 8,输出 [[2,2,2],[2,4]],即 $8 = 2 \times 2 \times 2 = 2 \times 4$。

3. 代码实现

```
class Solution:
    #参数 n 为整数
    #返回组合列表
    def getFactors(self, n):
        result = []
        self.helper(result, [], n, 2);
        return result
    def helper(self, result, item, n, start):
        if n <= 1:
            if len(item) > 1:
                result.append(item[:])
            return
        import math
        for i in range(start, int(math.sqrt(n)) + 1):
            if n % i == 0:
                item.append(i)
                self.helper(result, item, n / i, i)
                item.pop()
        if n >= start:
            item.append(n)
            self.helper(result, item, 1, n)
            item.pop()
#主函数
if __name__ == '__main__':
    inputnum = 8
    solution = Solution()
    print("输入:",inputnum)
    print("输出:",solution.getFactors(inputnum))
```

4. 运行结果

```
输入: 8
输出: [[2, 2, 2.0], [2, 4.0]]
```

▶例 179 Insert Delete GetRandom O(1)

1. 问题描述

设计一个数据结构实现以下所有的操作。insert(val),如果元素不在集合中,则插入。remove(val),如果元素在集合中,则从集合中移除。getRandom(),随机从集合中返回一个元素,每个元素返回的概率相同。

2. 问题示例

RandomizedSetrandomSet = new RandomizedSet(),初始化一个空的集合。

randomSet.insert(1)，1 成功插入集合中，返回正确。

randomSet.remove(2)，返回错误，2 不在集合中。

randomSet.insert(2)，2 插入 set 中，返回正确，set 现在有[1,2]。

randomSet.getRandom()，随机返回 1 或 2。

randomSet.remove(1)，从集合中移除 1，返回正确。

randomSet.insert(2)，2 已经在 set 中，返回错误。

randomSet.getRandom()，2 是 set 中唯一的数字，所以 getRandom 总是返回 2。

3. 代码实现

```python
import random
class RandomizedSet(object):
    def __init__(self):
        self.nums, self.pos = [], {}
    # 参数 val: 整数
    # 返回布尔类型
    def insert(self, val):
        if val not in self.pos:
            self.nums.append(val)
            self.pos[val] = len(self.nums) - 1
            return True
        return False
    # 参数 val: 整数
    # 返回布尔类型
    def remove(self, val):
        if val in self.pos:
            idx, last = self.pos[val], self.nums[-1]
            self.nums[idx], self.pos[last] = last, idx
            self.nums.pop()
            del self.pos[val]
            return True
        return False
    def getRandom(self):
        return self.nums[random.randint(0, len(self.nums) - 1)]
# 主函数
if __name__ == '__main__':
    solution = RandomizedSet()
    print("插入一个元素:1")
    print("输出:", solution.insert(1))
    print("移除一个元素:2")
    print("输出:", solution.remove(2))
    print("插入一个元素:2")
    print("输出:", solution.insert(2))
    print("获取随机元素:1")
    print("输出:", solution.getRandom())
    print("移除一个元素:1")
```

```
print("输出:",solution.remove(1))
print("插入一个元素:2")
print("输出:",solution.insert(2))
```

4. 运行结果

```
插入一个元素:1
输出: True
移除一个元素:2
输出: False
插入一个元素:2
输出: True
获取随机元素:1
输出: 1
移除一个元素:1
输出: True
插入一个元素:2
输出: False
```

▶例180　编码和解码字符串

1. 问题描述

设计一个将字符串列表编码为字符串的算法。已经编码的字符串会通过网络发送,同时被解码到原始的字符串列表,程序实现 encode()和 decode()。

2. 问题示例

输入["long","term","love","you"],输出["long","term","love","you"],一种可能的编码方式为"long:;term:;love:;you"; 输入["we", "say", ":", "yes"],输出["we", "say", ":", "yes"],一种可能的编码方式为"we:;say:;::::;yes"。

3. 代码实现

```
class Solution:
    # 参数 strs: 字符串列表
    # 返回编码后的字符串列表
    # " " -> ":" 分隔不同单词
    # ":" -> "::" 区分":"
    def encode(self, strs):
        encoded = []
        for string in strs:
            for char in string:
                if char == ":":
                    encoded.append("::")
                else:
                    encoded.append(char)
            encoded.append(": ")
```

```
                return "".join(encoded)
        #参数 str: 字符串
        #返回解码字符串列表
        def decode(self, str):
            res = []
            idx = 0
            length = len(str)
            tmp_str = []
            while idx < length - 1:
                if str[idx] == ":":
                    if str[idx + 1] == ":":
                        tmp_str.append(":")
                        idx += 2
                    elif str[idx + 1] == " ":
                        res.append("".join(tmp_str))
                        tmp_str = []
                        idx += 2
                else:
                    tmp_str.append(str[idx])
                    idx += 1
            return res
#主函数
if __name__ == '__main__':
    inputwords = ["lint","code","love","you"]
    solution = Solution()
    print("输入:",inputwords)
    print("编码:",solution.encode(inputwords))
    print("解码:",solution.decode(solution.encode(inputwords)))
```

4. 运行结果

```
输入: ['lint', 'code', 'love', 'you']
编码: lint: code: love: you:
解码: ['lint', 'code', 'love', 'you']
```

▶ 例 181　猜数游戏

1. 问题描述

猜数游戏规则如下:从 1~n 选择一个数字,需要猜选择了哪个数字。每次猜错,程序会提示猜的数字是偏高还是偏低。调用一个预定义的函数 guess(int num),程序会返回 3 个可能的结果(−1,1 或 0),−1 代表偏低,1 代表偏高,0 代表正确。

2. 问题示例

输入 $n = 10$,选择了 4。通过程序最后猜中数字,输出 4。

3. 代码实现

```
def guess(mid):
    if mid > 4:
        return - 1
    if mid < 4:
        return 1
    if mid == 4:
        return 0
class Solution:
    #参数 n: 整数
    #返回所猜的数
    def guessNumber(self, n):
        l = 1
        r = n
        while l <= r:
            mid = abs(l + (r - l) / 2)
            res = guess(mid)
            if res == 0:
                return mid
            if res == - 1:
                r = mid - 1
            if res == 1:
                l = mid + 1
        return int(mid)
#主函数
if __name__ == '__main__':
    inputnum = 10
    selectedNumber = 4
    solution = Solution()
    print("输入总数:", inputnum)
    print("所选的数字:", selectedNumber)
    print("所猜的数字:", solution.guessNumber(inputnum))
```

4. 运行结果

```
输入总数: 10
所选的数字: 4
所猜的数字: 4
```

▶例 182 数 1 的个数

1. 问题描述

给出一个非负整数 num, 对所有满足 $0 \leqslant i \leqslant num$ 条件的数字 i, 计算其二进制表示中数字 1 的个数, 并以数组的形式返回。

2. 问题示例

输入 5,输出 [0,1,1,2,1,2],因为 0~5 的二进制表示分别是 000、001、010、011、100、101,每个数字中 1 的个数分别为 0、1、1、2、1、2。输入 3,输出 [0,1,1,2],因为 0~3 的二进制表示分别是 000、001、010、011。

3. 代码实现

```python
class Solution:
    # 参数 num: 非负整数
    # 返回数组
    def countBits(self, num):
        f = [0] * (num + 1)
        for i in range(1, num + 1):
            f[i] = f[i & i - 1] + 1
        return f
# 主函数
if __name__ == '__main__':
    inputnum = 5
    solution = Solution()
    print("输入:", inputnum)
    print("输出:", solution.countBits(inputnum))
```

4. 运行结果

```
输入: 5
输出: [0, 1, 1, 2, 1, 2]
```

▶ 例 183　平面范围求和——不可变矩阵

1. 问题描述

给定二维矩阵,计算由左上角坐标 (row1, col1) 和右下角坐标 (row2, col2) 划定的矩形内元素的和。假设矩阵不变,row1 ≤ row2 并且 col1 ≤ col2。

2. 问题示例

输入 [[3,0,1,4,2],[5,6,3,2,1],[1,2,0,1,5],[4,1,0,1,7],[1,0,3,0,5]],sumRegion(2, 1, 4, 3),sumRegion(1, 1, 2, 2),sumRegion(1, 2, 2, 4),输出 8,11,12。

根据给出矩阵
```
[
  [3, 0, 1, 4, 2],
  [5, 6, 3, 2, 1],
  [1, 2, 0, 1, 5],
  [4, 1, 0, 1, 7],
  [1, 0, 3, 0, 5]
```

]

sumRegion(2，1，4，3) = 2 + 0 + 1 + 1 + 0 + 1 + 0 + 3 + 0 = 8

sumRegion(1，1，2，2) = 6 + 3 + 2 + 0 = 11

sumRegion(1，2，2，4) = 3 + 2 + 1 + 0 + 1 + 5 = 12

输入[[3,0],[5,6]],sumRegion(0，0，0，1),sumRegion(0，0，1，1),输出 3,14。

给出矩阵

[

  [3，0],

  [5，6]

]

sumRegion(0，0，0，1) = 3 + 0 = 3

sumRegion(0，0，1，1) = 3 + 0 + 5 + 6 = 14。

3. 代码实现

```python
class NumMatrix(object):
    # 参数 matrix: 矩阵
    def __init__(self, matrix):
        if len(matrix) == 0 or len(matrix[0]) == 0:
            return
        n = len(matrix)
        m = len(matrix[0])
        self.dp = [[0] * (m + 1) for _ in range(n + 1)]
        for r in range(n):
            for c in range(m):
                self.dp[r + 1][c + 1] = self.dp[r + 1][c] + self.dp[r][c + 1] + \
                    matrix[r][c] - self.dp[r][c]
    # 参数 row1: 整数
    # 参数 col1: 整数
    # 参数 row2: 整数
    # 参数 col2: 整数
    # 返回整数
    def sumRegion(self, row1, col1, row2, col2):
        return self.dp[row2 + 1][col2 + 1] - self.dp[row1][col2 + 1] - \
            self.dp[row2 + 1][col1] + self.dp[row1][col1]
# 主函数
if __name__ == '__main__':
    inputnum = [[3,0,1,4,2],[5,6,3,2,1],[1,2,0,1,5],[4,1,0,1,7],[1,0,3,0,5]]
    solution = NumMatrix(inputnum)
    print("输入矩阵:", inputnum)
    print("区域 1 的和:", solution.sumRegion(2, 1, 4, 3))
    print("区域 2 的和:", solution.sumRegion(1, 1, 2, 2))
    print("区域 3 的和:", solution.sumRegion(1, 2, 2, 4))
```

4．运行结果

输入矩阵：[[3, 0, 1, 4, 2], [5, 6, 3, 2, 1], [1, 2, 0, 1, 5], [4, 1, 0, 1, 7], [1, 0, 3, 0, 5]]
区域 1 的和：8
区域 2 的和：11
区域 3 的和：12

▶ 例 184　猜数游戏

1．问题描述

猜数游戏规则如下：从 $1 \sim n$ 中选择一个数字，需要猜选择了哪个数字。每次猜错了，会提示这个数字是高还是低。

但是，当猜这个数为 x 并且猜错时，需要支付 \$$x$，当猜到选择的数时，赢得这场游戏。给一个具体的数，计算需要多少钱才可以保证赢得比赛。

2．问题示例

输入 $n = 10$，选择的数为 2。第 1 轮：猜测为 7，提示待猜的值应更小，需要支付 \$7；第 2 轮：猜测为 3，提示待猜的值应更小，需要支付 \$3；第 3 轮：猜测为 1，提示待猜的值应更大，需要支付 \$1；游戏结束，2 是所选择的待猜数。最终需要支付 \$7 + \$3 + \$1 = \$11。

给出 $n = 10$，选择的数为 4。第 1 轮：猜测为 7，提示待猜的值应更小，需要支付 \$7；第 2 轮：猜测为 3，提示待猜的值应更大，需要支付 \$3；第 3 轮：猜测为 5，提示待猜的值应更小，需要支付 \$5；游戏结束，4 是所选择的待猜数。最终需要支付 \$7 + \$3 + \$5 = \$15。

给出 $n = 10$，选择的数为 8。第 1 轮：猜测为 7，提示待猜的值应更大，需要支付 \$7；第 2 轮：猜测为 9，提示待猜的值应更小，需要支付 \$9；游戏结束，8 是所选择的待猜数。最终需要支付 \$7 + \$9 = \$16。

编程实现所有可能性，最终对于 $n = 10$，答案为 16。

3．代码实现

```python
class Solution:
    # 参数 n: 整数
    # 返回整数
    def getMoneyAmount(self, n):
        dp = [[0 for _ in range(n + 1)] for __ in range(n + 1)]
        for len in range(2, n + 1):
            for start in range(1, n - len + 2):
                import sys
                temp = sys.maxsize
                for k in range(start + int((len - 1) / 2), start + int(len - 1)):
                    left, right = dp[start][k - 1], dp[k + 1][start + len - 1]
                    temp = min(k + max(left, right), temp)
                    if left > right:
                        break
```

```
                dp[start][start + len - 1] = temp
            return dp[1][n]
# 主函数
if __name__ == '__main__':
    inputnum = 10
    solution = Solution()
    print("输入:", inputnum)
    print("输出:", solution.getMoneyAmount(inputnum))
```

4. 运行结果

```
输入: 10
输出: 16
```

▶例185 最长的回文序列

1. 问题描述

给定字符串 s,找出在 s 中的最长回文序列的长度,假设 s 的最大长度为 1000。

2. 问题示例

输入"bbbab",输出 4,因为一个可能的最长回文序列为"bbbb"。输入"bbbbb",输出 5。

3. 代码实现

```
class Solution:
    # 参数 s: 字符串
    # 返回整数
    def longestPalindromeSubseq(self, s):
        length = len(s)
        if length == 0:
            return 0
        dp = [[0 for _ in range(length)] for __ in range(length)]
        for i in range(length - 1, -1, -1):
            dp[i][i] = 1
            for j in range(i + 1, length):
                if s[i] == s[j]:
                    dp[i][j] = dp[i + 1][j - 1] + 2
                else:
                    dp[i][j] = max(dp[i + 1][j], dp[i][j - 1])
        return dp[0][length - 1]
# 主函数
if __name__ == '__main__':
    inputnum = "bbbab"
    solution = Solution()
    print("输入:", inputnum)
    print("输出:", solution.longestPalindromeSubseq(inputnum))
```

4. 运行结果

输入：bbbab
输出：4

▶ 例 186   1 和 0

1. 问题描述

给定一个只包含 0 和 1 的字符串数组，只具有 m 个 0 和 n 个 1 资源，找到可以由 m 个 0 和 n 个 1 构成字符串数组中字符串的最大个数，每一个 0 和 1 均只能使用一次。

2. 问题示例

输入 ["10"，"0001"，"111001"，"1"，"0"]，$m = 5$，$n = 3$，输出 4。这里总共有 4 个字符串，可以用 5 个 0 和 3 个 1 构成，它们是 "10"、"0001"、"1"、"0"。

输入 ["10"，"0001"，"111001"，"1"，"0"]，$m = 7$，$n = 7$，输出 5，所有字符串都可以由 7 个 0 和 7 个 1 构成。

3. 代码实现

```python
class Solution:
    # 参数 strs: 字符串数组
    # 参数 m: 整数
    # 参数 n: 整数
    # 返回整数
    def findMaxForm(self, strs, m, n):
        dp = [[0] * (m + 1) for _ in range(n + 1)]
        for s in strs:
            zero = 0
            one = 0
            for ch in s:
                if ch == "1":
                    one += 1
                else:
                    zero += 1
            for i in range(n, one - 1, -1):
                for j in range(m, zero - 1, -1):
                    if dp[i - one][j - zero] + 1 > dp[i][j]:
                        dp[i][j] = dp[i - one][j - zero] + 1
        return dp[-1][-1]
# 主函数
if __name__ == '__main__':
    inputnum = ["10", "0001", "111001", "1", "0"]
    m = 5
    n = 3
    solution = Solution()
```

```
        print("输入:",inputnum)
        print("输入 m :",m)
        print("输入 n :",n)
        print(solution.findMaxForm(inputnum,m,n))
```

4．运行结果

输入: ['10', '0001', '111001', '1', '0']
输入 m: 5
输入 n: 3

▶ 例 187　预测能否胜利

1．问题描述

给一由非负整数构成的数组，玩家 1 从数组的任意一端选择一个数字，玩家 2 从数组的任意一端选择一个数字，轮流进行。每次一个玩家只能取一个数，每个数只能取一次。数组内分数都被取完后，总数大的玩家获胜。

给定数组，预测玩家 1 是否能赢。数组长度大于或等于 1 且小于或等于 20，任意数均为非负数且不超过 10 000 000。如果两个玩家分数相同，那么玩家 1 获胜。

2．问题示例

输入 $[1,5,2]$，输出 False。开始玩家 1 可以选择 1 或 2，如果他选择 2(或 1)，那么玩家 2 可以选择 1(2)或 5，如果玩家 2 选择了 5，那么玩家 1 只能选择 1(或 2)，所以玩家 1 最终的分数为 $1+2=3$，而玩家 2 为 5，玩家 1 不能赢，返回 False。

3．代码实现

```
class Solution:
    #参数 nums: 整数数组
    #返回布尔类型
    def PredictTheWinner(self, nums):
        if len(nums) & 1 == 0: return True
        dp = [[0] * len(nums) for _ in range(len(nums))]
        for i, v in enumerate(nums):
            dp[i][i] = v
        for i in range(1, len(nums)):
            for j in range(len(nums) - i):
                dp[j][j + i] = max(nums[j] - dp[j + 1][j + i], nums[j + i] - dp[j][j +
i - 1])
        return dp[0][-1] > 0
#主函数
if __name__ == '__main__':
    inputnum = [1, 5, 2]
    solution = Solution()
    print("输入:",inputnum)
```

```
print("输出:",solution.PredictTheWinner(inputnum))
```

4. 运行结果

输入: [1, 5, 2]
输出: False

▶ 例 188　循环单词

1. 问题描述

如果一个单词通过循环右移可获得另外一个单词,则称该单词为循环单词。给出一个单词集合,统计该集合中有多少种循环单词。所有单词均为小写。

2. 问题示例

输入 dict = ["picture", "turepic", "icturep", "word", "ordw", "long"],输出 3。因为"picture"、"turepic"、"icturep"是相同的循环单词,"word"、"ordw"也相同,"long"是第三个不同于前 2 个的单词。

3. 代码实现

```
class Solution:
    # 参数 words: 单词列表
    # 返回整数
    def countRotateWords(self, words):
        dict1 = set()
        for w in words:
            s = w + w
            for i in range(0, len(w)):
                tmp = s[i : i + len(w)]
                if tmp in dict1:
                    dict1.remove(tmp)
            dict1.add(w)
        return len(dict1)
# 主函数
if __name__ == '__main__':
    dict1 = ["picture", "turepic", "icturep", "word", "ordw", "long"]
    solution = Solution()
    print("输入:",dict1)
    print("输出:",solution.countRotateWords(dict1))
```

4. 运行结果

输入: ['picture', 'turepic', 'icturep', 'word', 'ordw', 'long']
输出: 3

▶ 例 189 最大子数组之和为 k

1. 问题描述

给一个数组 nums 和目标值 k,找到数组中最长的子数组,使其中的元素和为 k。如果没有,则返回 0。

2. 问题示例

输入 nums $= [1, -1, 5, -2, 3], k = 3$,输出 4,因为子数组 $[1, -1, 5, -2]$ 的和为 3,且长度最大。输入 nums $= [-2, -1, 2, 1], k = 1$,输出 2,因为子数组 $[-1, 2]$ 的和为 1,且长度最大。

3. 代码实现

```
class Solution:
    #参数 nums: 数组
    #参数 k: 整数
    #返回整数
    def maxSubArrayLen(self, nums, k):
        m = {}
        ans = 0
        m[k] = 0
        n = len(nums)
        sum = [0 for i in range(n + 1)]
        for i in range(1, n + 1):
            sum[i] = sum[i - 1] + nums[i - 1]
            if sum[i] in m:
                ans = max(ans, i - m[sum[i]])
            if sum[i] + k not in m:
                m[sum[i] + k] = i
        return ans
if __name__ == '__main__':
    num = [-2, 7, 3, -4, 1]
    k = 5
    solution = Solution()
    print("输入数组:",num)
    print("输入目标值:",k)
    print("输出:",solution.maxSubArrayLen(num, k))
```

4. 运行结果

```
输入数组:[-2, 7, 3, -4, 1]
输入目标值:5
输出:5
```

▶ 例 190   等差切片

1. 问题描述

如果数字序列由至少 3 个元素组成,并且任何 2 个连续元素之间的差值相同,则称为等差数列。

给定由 N 个数组成且下标从 0 开始的数组 A。这个数组的一个切片指任意一个满足 $0 <= P < Q < N$ 的整数对(P, Q)。

如果 A 中的一个切片(P, Q)是等差切片,则需要满足 A[P], A[P + 1], …, A[Q - 1], A[Q]是等差的。还需要注意的是,这也意味着 $P + 1 < Q$。需要实现的函数应该返回数组 A 中等差切片的数量

2. 问题示例

输入[1, 2, 3, 4],输出 3,因为 A 中的 3 个等差切片为[1, 2, 3],[2, 3, 4]以及[1, 2, 3, 4]。输入[1, 2, 3],输出 1。

3. 代码实现

```python
class Solution(object):
    def numberOfArithmeticSlices(self, A):
        # 参数 A: 列表
        # 返回整数
        size = len(A)
        if size < 3: return 0
        ans = cnt = 0
        delta = A[1] - A[0]
        for x in range(2, size):
            if A[x] - A[x - 1] == delta:
                cnt += 1
                ans += cnt
            else:
                delta = A[x] - A[x - 1]
                cnt = 0
        return ans
if __name__ == '__main__':
    solution = Solution()
    inputnum = [1, 2, 3, 4]
    print("输入:", inputnum)
    print("输出:", solution.numberOfArithmeticSlices(inputnum))
```

4. 运行结果

```
输入: [1, 2, 3, 4]
输出: 3
```

例191 2D 战舰

1. 问题描述

给一个 2D 甲板,统计有多少艘战舰,战舰用"X"表示,空地用"."表示。规则如下:战舰只能横向或者纵向放置,也就是说,战舰大小只能是 $1 \times N$(1 行 N 列)或者 $N \times 1$(N 行 1 列)。N 可以是任意数。在两艘战舰之间至少有 1 个横向的或者纵向的格子分隔,不能使战舰相邻。

2. 问题示例

输入:

X . . X

. . . X

. . . X

输出 2,在甲板上有两艘战舰。

3. 代码实现

```
class Solution(object):
    def countBattleships(self, board):
        # 参数 board: 列表
        # 返回整数
        len1 = len(board)
        if len1 == 0:
            return 0;
        len2 = len(board[0])
        ans = 0
        for i in range(0, len1):
            for j in range(0,len2):
                if board[i][j] == 'X' and (i == 0 or board[i-1][j] == '.')and (j == 0 or
board[i][j-1] == '.'):
                    ans += 1
        return ans
if __name__ == '__main__':
    solution = Solution()
    inputnum = ["X..X","...X","...X"]
    print("输入:",inputnum)
    print("输出:",solution.countBattleships(inputnum))
```

4. 运行结果

```
输入:['X..X', '...X', '...X']
输出:2
```

▶例 192　连续数组

1. 问题描述

给一个二进制数组,找到 0 和 1 数量相等的子数组的最大长度。

2. 问题示例

输入 [0,1],输出 2,因为 [0, 1] 是具有相等数量 0 和 1 的最长子数组。输入 [0,1,0],输出 2,因为 [0, 1] (或者 [1, 0])是具有相等数量 0 和 1 的最长子数组。

3. 代码实现

```python
class Solution:
    #参数 nums: 数组
    #返回整数
    def findMaxLength(self, nums):
        index_sum = {}
        cur_sum = 0
        ans = 0
        for i in range(len(nums)):
            if nums[i] == 0: cur_sum -= 1
            else: cur_sum += 1
            if cur_sum == 0: ans = i + 1
            elif cur_sum in index_sum: ans = max(ans, i - index_sum[cur_sum])
            if cur_sum not in index_sum: index_sum[cur_sum] = i
        return ans
if __name__ == '__main__':
    solution = Solution()
    inputnum = [1,0]
    print("输入:",inputnum)
    print("输出:",solution.findMaxLength(inputnum))
```

4. 运行结果

```
输入: [1, 0]
输出: 2
```

▶例 193　带有冷却时间的买卖股票最佳时间

1. 问题描述

以数组表示股票价格,第 i 个元素表示第 i 天股票的价格。设计一个算法以得到最大的利润。不能同时进行多笔交易(即必须在再次购买之前卖出股票)。在出售股票后,无法在第 2 天购买股票,即须冷却 1 天。

2. 问题示例

输入 [1, 2, 3, 0, 2],输出 3,因为交易情况为 [买,卖,停,买,卖],第 1 次买卖利润为

$2-1=1$,第2次买卖利润为$2-0=2$,总利润为3。

3. 代码实现

```
class Solution:
    # 参数 prices: 整数列表
    # 返回整数
    def maxProfit(self, prices):
        if not prices:
            return 0
        buy, sell, cooldown = [0 for _ in range(len(prices))], [0 for _ in range(len
(prices))], [0 for _ in range(len(prices))]
        buy[0] = - prices[0]
        for i in range(1, len(prices)):
            cooldown[i] = sell[i - 1]
            sell[i] = max(sell[i - 1], buy[i - 1] + prices[i])
            buy[i] = max(buy[i - 1], cooldown[i - 1] - prices[i])
        return max(sell[-1], cooldown[-1])
if __name__ == '__main__':
    solution = Solution()
    inputnum = [1,2,3,0,2]
    print("输入:",inputnum)
    print("输出:",solution.maxProfit(inputnum))
```

4. 运行结果

```
输入: [1, 2, 3, 0, 2]
输出: 3
```

▶ 例194 小行星的碰撞

1. 问题描述

给定一个整数数组,代表小行星。对于每颗小行星,绝对值表示其大小,符号表示其方向(正表示右,负表示左)。每颗小行星以相同的速度移动。

如果两颗小行星相遇,则较小的小行星会爆炸。如果两者的大小相同,则两者都会爆炸。沿同一方向移动的两颗小行星永远不会相遇。返回所有碰撞发生后小行星的状态。

2. 问题示例

输入$[5, 10, -5]$,输出$[5, 10]$,因为10和-5碰撞得10,而5和10永远不会碰撞。输入$[10, 2, -5]$,输出$[10]$,因为2和-5碰撞后得到-5,然后10和-5碰撞剩下10。

3. 代码实现

```
class Solution:
    # 参数 asteroids: 整数数组
    # 返回整数数组
    def asteroidCollision(self, asteroids):
```

```
        ans, i, n = [], 0, len(asteroids)
        while i < n:
            if asteroids[i] > 0:
                ans.append(asteroids[i])
            elif len(ans) == 0 or ans[-1] < 0:
                ans.append(asteroids[i])
            elif ans[-1] <= -asteroids[i]:
                if ans[-1] < -asteroids[i]:
                    i -= 1
                ans.pop()
            i += 1
        return ans
if __name__ == '__main__':
    solution = Solution()
    inputnum = [5, 10, -5]
    print("输入:", inputnum)
    print("输出:", solution.asteroidCollision(inputnum))
```

4. 运行结果

```
输入: [5, 10, -5]
输出: [5, 10]
```

▶ 例 195 扩展弹性词

1. 问题描述

用重复扩展的字母,表达某种感情。例如,hello—>heeellooo,hi—>hiiii。前者对 e 和 o 进行了扩展,而后者对 i 进行了扩展。用"组"表示一串连续相同字母。例如,abbcccaaaa 的组包括 a、bb、ccc、aaaa。

给定字符串 S,如果通过扩展一个单词能够得到 S,则称该单词是 S 的"弹性词"。可以对单词的某个组进行扩展,使该组的长度大于或等于 3。不允许将 h 这样的组扩展到 hh,因为长度只有 2。给定一个单词列表 words,返回 S 的弹性词数量。

2. 问题示例

输入 S = "heeellooo", words = ["hello", "hi", "helo"],输出 1。可以通过扩展 "hello"中的"e"和"o"得到"heeellooo",不能通过扩展"helo"得到"heeellooo",因为"ll"的长度只有 2。

3. 代码实现

```
class Solution:
    # 参数 S: 字符串
    # 参数 words: 字符串列表
    # 返回整数
    def expressiveWords(self, S, words):
```

```
            SList = self.countGroup(S)
            n = len(SList)
            ans = 0
            for word in words:
                wordList = self.countGroup(word)
                if n != len(wordList):
                    continue
                ok = 1
                for i in range(n):
                    if not self.canExtend(wordList[i], SList[i]):
                        ok = 0
                        break
                ans += ok
            return ans
    def countGroup(self, s):
        n = len(s)
        cnt = 1
        ret = []
        for i in range(1, n):
            if s[i] == s[i - 1]:
                cnt += 1
            else:
                ret.append((s[i - 1], cnt))
                cnt = 1
        ret.append((s[-1], cnt))
        return ret
    def canExtend(self, From, To):
        return From[0] == To[0] and \
                (From[1] == To[1] or (From[1] < To[1] and To[1] >= 3))
if __name__ == '__main__':
    solution = Solution()
    inputnum1 = "heeellooo"
    inputnum2 = ["hello", "hi", "helo"]
    print("输入字符串1:", inputnum1)
    print("输入字符串2:", inputnum2)
    print("输出:", solution.expressiveWords(inputnum1, inputnum2))
```

4．运行结果

```
输入字符串1: heeellooo
输入字符串2: ['hello', 'hi', 'helo']
输出: 1
```

▶例196　找到最终的安全状态

1．问题描述

在一个有向图中，从某个节点开始，每次沿着图的有向边走。如果到达一个终端节点

（也就是说，它没有指向外面的边），就停止。

对于自然数 K，如果任何行走的路线，都可以在少于 K 步的情况下停在终端节点，则"最终是安全的"。判断哪些节点最终是安全的，返回它们升序排列的数组。

有向图具有 N 个节点，其标签为 $0,1,\cdots,N-1$，其中 N 是图的长度。该图以下面的形式给出：$graph[i]$ 是从 i 出发，通过边 (i,j)，所有能够到达的节点 j 组成的链表。

2. 问题示例

输入 $[[1,2],[2,3],[5],[0],[5],[],[]]$，输出 $[2,4,5,6]$，如图 2-3 所示。最终安全状态的节点要在自然数 K 步内停止（就是再没有向外的边，即没有出度）。节点 5 和 6 就是出度为 0，因为 $graph[5]$ 和 $graph[6]$ 均为空。除了没有出度的节点 5 和 6 之外，节点 2 和 4 都只能到达节点 5，而节点 5 本身就是安全状态点，所以 2 和 4 也就是安全状态点了。可以得出结论，若某节点唯一能到达的是安全状态，那么该节点也同样是安全状态。

3. 代码实现

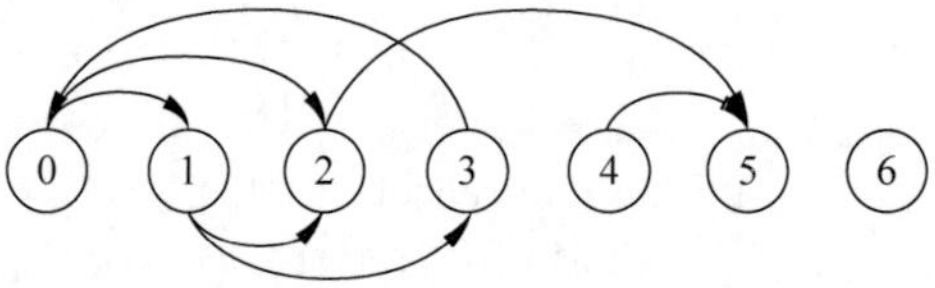

```
class Solution:
    #参数 graph: 整数数组
    #返回整数
    def eventualSafeNodes(self, graph):
        def dfs(graph, i, visited):
            for j in graph[i]:
                if j in visited:
                    return False
                if j in ans:
                    continue
                visited.add(j)
                if not dfs(graph, j, visited):
                    return False
                visited.remove(j)
            ans.add(i)
            return True
        ans = set()
        for i in range(len(graph)):
            visited = set([i])
            dfs(graph, i, visited)
        return sorted(list(ans))
if __name__ == '__main__':
    solution = Solution()
    inputnum = [[1,2],[2,3],[5],[0],[5],[],[]]
    print("输入:", inputnum)
    print("输出:", solution.eventualSafeNodes(inputnum))
```

图 2-3　有向图示意图

4. 运行结果

输入: [[1, 2], [2, 3], [5], [0], [5], [], []]
输出: [2, 4, 5, 6]

▶例197 使序列递增的最小交换次数

1. 问题描述

两个具有相同非零长度的整数序列 A 和 B,可以交换它们的一些元素 A$[i]$和 B$[i]$,两个可交换的元素在它们各自的序列中处于相同的索引位置。进行交换之后,A 和 B 需要严格递增。给定 A 和 B,返回使两个序列严格递增的最小交换次数。保证给定的输入经过交换可以满足递增的条件。

2. 问题示例

输入 A $= [1,3,5,4]$,B $= [1,2,3,7]$,输出 1,因为可以交换 A$[3]$和 B$[3]$,两个序列变为 A $= [1,3,5,7]$和 B $= [1,2,3,4]$,后两者都是严格递增的。

3. 代码实现

```python
class Solution:
    def minSwap(self, A, B):
        if len(A) == 0 or len(A) != len(B):
            return 0
        non_swapped, swapped = [0] * len(A), [1] + [0] * (len(A) - 1)
        for i in range(1, len(A)):
            swps, no_swps = set(), set()
            if A[i - 1] < A[i] and B[i - 1] < B[i]:
                swps.add(swapped[i - 1] + 1)
                no_swps.add(non_swapped[i - 1])
            if B[i - 1] < A[i] and A[i - 1] < B[i]:
                swps.add(non_swapped[i - 1] + 1)
                no_swps.add(swapped[i - 1])
            swapped[i], non_swapped[i] = min(swps), min(no_swps)
        return min(swapped[-1], non_swapped[-1])

if __name__ == '__main__':
    solution = Solution()
    inputnum1 = [1,3,5,4]
    inputnum2 = [1,2,3,7]
    print("输入 1:", inputnum1)
    print("输入 2:", inputnum2)
    print("输出:", solution.minSwap(inputnum1, inputnum2))
```

4. 运行结果

```
输入 1: [1, 3, 5, 4]
输入 2: [1, 2, 3, 7]
输出: 1
```

▶ 例 198 所有可能的路径

1. 问题描述

给定 N 个节点的有向无环图。查找从节点 0 到节点 $N-1$ 的所有可能的路径，以任意顺序返回。该图给出方式如下：节点为 $0，1，\cdots，graph.length - 1$。$graph[i]$ 是一个列表，其中任意一个元素 j 表示图中含有一条 $i->j$ 的有向边。

2. 问题示例

输入 $[[1,2],[3],[3],[]]$，输出 $[[0,1,3],[0,2,3]]$，如下所示，一共有 $0->1->3$ 和 $0->2->3$ 两条路径。

```
0→1
↓  ↓
2→3
```

3. 代码实现

```python
class Solution:
    #参数 graph: 数组
    #返回数组
    def allPathsSourceTarget(self, graph):
        N = len(graph)
        res = []
        def dfs(N, graph, start, res, path):
            if start == N-1:
                res.append(path)
            else:
                for node in graph[start]:
                    dfs(N, graph, node, res, path + [node])
        dfs(N, graph, 0, res, [0])
        return (res)
if __name__ == '__main__':
    solution = Solution()
    inputnum = [[1,2],[3],[3],[]]
    print("输入:", inputnum)
    print("输出:", solution.allPathsSourceTarget(inputnum))
```

4. 运行结果

```
输入: [[1, 2], [3], [3], []]
输出: [[0, 1, 3], [0, 2, 3]]
```

▶ 例 199 合法的井字棋状态

1. 问题描述

一个井字棋盘以字符串数组 board 的形式给出。board 是一个 3 * 3 的数组，包含字符" "、"X"和"O"。字符" "意味着这一格是空的。井字棋的游戏规则：玩家需要轮流在空格上放置字符。第 1 个玩家总是放置"X"字符，第 2 个玩家放置"O"字符。"X" 和 "O" 总是被放置在空格上，不能放置在已有字符的格子上；当有 3 格相同的（非空）字符占据一行、一列或者一条对角线的时候，游戏结束。当所有格子都非空的时候游戏也结束。游戏结束后不允许再操作。当且仅当在一个合法的井字棋游戏可以结束时，返回 True。

2. 问题示例

输入 board = ["XOX"，" X "，"   "]，输出 False，玩家轮流操作。

3. 代码实现

```
class Solution:
    def validTicTacToe(self, board):
        # 参数 board: 列表
        # 返回布尔类型
        num_X, num_O = 0, 0
        for i in range(0, 3):
            for j in range(0, 3):
                if board[i][j] == 'X':
                    num_X += 1
                if board[i][j] == 'O':
                    num_O += 1
        if not (num_X == num_O or num_X == num_O + 1):
            return False
        for i in range(3):
            if board[i][0] == board[i][1] == board[i][2]:
                if board[i][0] == 'X':
                    return num_X == num_O + 1
                if board[i][0] == 'O':
                    return num_X == num_O
        for j in range(3):
            if board[0][j] == board[1][j] == board[2][j]:
                if board[0][j] == 'X':
                    return num_X == num_O + 1
                if board[0][j] == 'O':
                    return num_X == num_O
        if board[0][0] == board[1][1] == board[2][2]:
            if board[0][0] == 'X':
                return num_X == num_O + 1
            if board[0][0] == 'O':
                return num_X == num_O
        if board[0][2] == board[1][1] == board[2][0]:
            if board[2][0] == 'X':
                return num_X == num_O + 1
            if board[2][0] == 'O':
                return num_X == num_O
```

```
            return True
if __name__ == '__main__':
    solution = Solution()
    inputnum = ["O  ", "   ", "    "]
    print("输入:", inputnum)
    print("输出:", solution.validTicTacToe(inputnum))
```

4. 运行结果

```
输入: ['O  ', '  ', '  ']
输出: False
```

▶例 200　满足要求的子串个数

1. 问题描述

给定一个字符串 S 和一个单词字典 words，判断 words 中一共有多少个单词 words[i] 是字符串 S 的子序列。子序列不同于子串，子序列不要求连续。

2. 问题示例

输入 S = "abcde"，words = ["a", "bb", "acd", "ace"]，输出 3，words 内有 3 个单词是 S 的子串("a"、"acd"、"ace")。

3. 代码实现

```
class Solution:
    #参数 S: 字符串
    #参数 words: 单词字典
    #返回子串的个数
    def numMatchingSubseq(self, S, words):
        self.idx = {'a': 0, 'b': 1, 'c': 2, 'd': 3, 'e': 4,
                    'f': 5, 'g': 6, 'h': 7, 'i': 8, 'j': 9,
                    'k': 10, 'l': 11, 'm': 12, 'n': 13, 'o': 14,
                    'p': 15, 'q': 16, 'r': 17, 's': 18, 't': 19,
                    'u': 20, 'v': 21, 'w': 22, 'x': 23, 'y': 24, 'z': 25}
        n = len(S)
        nxtPos = []
        tmp = [-1] * 26
        for i in range(n - 1, -1, -1):
            tmp[self.idx[S[i]]] = i
            nxtPos.append([i for i in tmp])
        nxtPos = nxtPos[::-1]
        ans = 0
        for word in words:
            if self.isSubseq(word, nxtPos):
                ans += 1
        return ans
    def isSubseq(self, word, nxtPos):
        lenw = len(word)
```

```
                lens = len(nxtPos)
                i, j = 0, 0
                while i < lenw and j < lens:
                    j = nxtPos[j][self.idx[word[i]]]
                    if j < 0:
                        return False
                    i += 1
                    j += 1
                return i == lenw
    if __name__ == '__main__':
        solution = Solution()
        input1 = "abcde"
        input2 = ["a", "bb", "acd", "ace"]
        print("输入字符串:",input1)
        print("输入子串:",input2)
        print("输出:",solution.numMatchingSubseq(input1,input2))
```

4. 运行结果

```
输入字符串: abcde
输入子串: ['a', 'bb', 'acd', 'ace']
输出: 3
```

▶ 例201 多米诺和三格骨牌铺瓦问题

1. 问题描述

有两种瓷砖：一种为 2×1 多米诺形状，用2个并排的相同字母表示；一种为"L"形三格骨牌形状，用3个排成L形的相同字母表示。形状可以旋转。给定 N，有多少方法可以铺完一块 $2 \times N$ 的地板？返回答案对 $(10^9 + 7)$ 取模之后的结果。每个方格都必须被覆盖。

2. 问题示例

输入3，输出5，有以下5种方式，不同的字母表示不同的瓷砖：

1. XYZ
   XYZ

2. XXZ
   YYZ

3. XYY
   XZZ

4. XXY
   XYY

5. XYY
   XXY

3. 代码实现

```
class Solution:
    # 参数 N: 整数
    # 返回整数
    def numTilings(self, N):
        if N < 3:
            return N
        MOD = 1000000007
        f = [[0, 0, 0] for i in range(N + 1)]
        f[0][0] = f[1][0] = f[1][1] = f[1][2] = 1
        for i in range(2, N + 1):
            f[i][0] = (f[i - 1][0] + f[i - 2][0] + f[i - 2][1] + f[i - 2][2]) % MOD;
            f[i][1] = (f[i - 1][0] + f[i - 1][2]) % MOD;
            f[i][2] = (f[i - 1][0] + f[i - 1][1]) % MOD;
        return f[N][0]
if __name__ == '__main__':
    solution = Solution()
    inputnum = 3
    print("输入:", inputnum)
    print("输出:", solution.numTilings(inputnum))
```

4. 运行结果

```
输入: 3
输出: 5
```

▶ 例 202　逃离幽灵

1. 问题描述

玩一个简单版的吃豆人游戏,起初在点(0,0),目的地是(target[0],target[1])。在地图上有几个幽灵,第 i 个幽灵在(ghosts[i][0],ghosts[i][1])。

在每一轮中,玩家和幽灵可以同时向东南西北 4 个方向之一,移动 1 个单位距离。当且仅当玩家在碰到任何幽灵之前(幽灵可能以任意的路径移动)到达终点时,能够成功逃脱。如果玩家和幽灵同时到达某一个位置(包括终点),这一场游戏记为逃脱失败。

如果可以成功逃脱,返回 True,否则返回 False。

2. 问题示例

输入 ghosts = [[1,0],[0,3]],target = [0,1],输出 True,玩家可以在时间 1 直接到达目的地(0,1),在位置(1,0)或者(0,3)的幽灵没有办法抓到玩家。

3. 代码实现

```
class Solution:
    # 参数 ghosts: 数组
```

```
#参数 target: 数组
#返回布尔类型
def escapeGhosts(self, ghosts, target):
    target_dist = abs(target[0]) + abs(target[1])
    for r, c in ghosts:
        ghost_target = abs(target[0] - r) + abs(target[1] - c)
        if ghost_target <= target_dist:
            return False
    return True
if __name__ == '__main__':
    solution = Solution()
    inputnum1 = [[1, 0], [0, 3]]
    inputnum2 = [0, 1]
    print("输入幽灵:", inputnum1)
    print("输入目标:", inputnum2)
    print("输出:", solution.escapeGhosts(inputnum1, inputnum2))
```

4. 运行结果

```
输入幽灵: [[1, 0], [0, 3]]
输入目标: [0, 1]
输出: True
```

▶ 例203　寻找最便宜的航行旅途（最多经过 k 个中转站）

1. 问题描述

有 n 个城市由航班连接,每个航班（u,v,w)表示从城市 u 出发,到达城市 v,价格为 w。给定城市数目 n 和所有的航班 flights。找到从起点 src 到终点站 dst 线路最便宜的价格。旅途中最多只能中转 K 次。如果没有找到合适的线路,返回－1。

2. 问题示例

输入 $n = 3$,flights $= [[0,1,100],[1,2,100],[0,2,500]]$,src $= 0$,dst $= 2$,$K = 0$,输出 500,即不中转的条件下,最便宜的价格为 500。

3. 代码实现

```
import sys
class Solution:
    #参数 n: 整数
    #参数 flights: 矩阵
    #参数 src: 整数
    #参数 dst: 整数
    #参数 K: 整数
    #返回整数
    def findCheapestPrice(self, n, flights, src, dst, K):
        distance = [sys.maxsize for i in range(n)]
```

```
                distance[src] = 0
                for i in range(0, K + 1):
                    dN = list(distance)
                    for u, v, c in flights:
                        dN[v] = min(dN[v], distance[u] + c)
                    distance = dN
                if distance[dst] != sys.maxsize:
                    return distance[dst]
                else:
                    return −1
if __name__ == '__main__':
    solution = Solution()
    n = 3
    flights = [[0, 1, 100], [1, 2, 100], [0, 2, 500]]
    src = 0
    dst = 2
    K = 0
    print("输入城市:",n)
    print("输入航班:",flights)
    print("输入出发地:",src)
    print("输入目的地:",dst)
    print("输入中转数:",K)
    print("输出价格:",solution.findCheapestPrice(n, flights, src, dst, K))
```

4. 运行结果

```
输入城市: 3
输入航班: [[0, 1, 100], [1, 2, 100], [0, 2, 500]]
输入出发地: 0
输入目的地: 2
输入中转数: 0
输出价格: 500
```

▶ 例 204　图是否可以被二分

1. 问题描述

给定一个无向图 graph,且仅当这个图是可以被二分的(又称二部图),输出 True。如果一个图是二部图,则意味着可以将图里的点集分为两个独立的子集 A 和 B,并且图中所有的边都是一个端点属于 A,另一个端点属于 B。

关于图的表示:graph[i]为一个列表,表示与节点 i 有边相连的节点。这个图中一共有 graph.length 个节点,为从 0 到 graph.length−1。图中没有自边或者重复的边,即 graph[i]中不包含 i,也不会包含某个点两次。

2. 问题示例

输入[[1,3],[0,2],[1,3],[0,2]],输出 True,如下所示:

```
0----1
|    |
|    |
3----2
```
可以把图分成{0，2}和{1，3}两部分，并且各自内部没有连线。

3．代码实现

```python
class Solution:
    # 参数 graph: 无向图
    # 返回布尔类型
    def isBipartite(self, graph):
        n = len(graph)
        self.color = [0] * n
        for i in range(n):
            if self.color[i] == 0 and not self.colored(i, graph, 1):
                return False
        return True
    def colored(self, now, graph, c):
        self.color[now] = c
        for nxt in graph[now]:
            if self.color[nxt] == 0 and not self.colored(nxt, graph, -c):
                return False
            elif self.color[nxt] == self.color[now]:
                return False
        return True
if __name__ == '__main__':
    solution = Solution()
    inputnum = [[1,3],[0,2],[1,3],[0,2]]
    print("输入:", inputnum)
    print("输出:", solution.isBipartite(inputnum))
```

4．运行结果

```
输入: [[1, 3], [0, 2], [1, 3], [0, 2]]
输出: True
```

▶ 例205 森林中的兔子

1．问题描述

在一个森林中，每个兔子都有一种颜色。兔子中的一部分（也可能是全部）会告诉你有多少兔子和它们有同样的颜色。这些答案被放在了一个数组中。返回森林中兔子可能的最少的数量。

2．问题示例

输入[1，1，2]，输出5。两个回答"1"的兔子可能是相同的颜色，定为红色；回答"2"的兔子一定不是红色,定为蓝色,一定还有 2 只蓝色的兔子在森林里但没有回答问题,所以森林里兔子的最少总数是 5,即 3 只回答问题的加上 2 只没回答问题的兔子。

3. 代码实现

```python
import math
class Solution:
    # 参数 answers: 数组
    # 返回整数
    def numRabbits(self, answers):
        hsh = {}
        for i in answers:
            if i + 1 in hsh:
                hsh[i + 1] += 1
            else:
                hsh[i + 1] = 1
        ans = 0
        for i in hsh:
            ans += math.ceil(hsh[i] / i) * i
        return ans
if __name__ == '__main__':
    solution = Solution()
    inputnum = [1,1,2]
    print("输入:", inputnum)
    print("输出:", solution.numRabbits(inputnum))
```

4. 运行结果

```
输入: [1, 1, 2]
输出: 5
```

▶ 例 206 最大分块排序

1. 问题描述

数组 arr 是 $[0,1,\cdots,arr.length-1]$ 的一个排列。将数组拆分成若干"块"(分区),并单独对每个块进行排序,使得连接这些块后,结果为排好的升序数组,问最多可以分多少块?

2. 问题示例

输入 $arr = [1,0,2,3,4]$,输出 4,可以将数组分解成 $[1,0]$、$[2]$、$[3]$、$[4]$。

3. 代码实现

```python
class Solution(object):
    def maxChunksToSorted(self, arr):
        def dfs(cur, localmax):
            visited[cur] = True
            localmax = max(localmax, cur)
```

```
                    if not visited[arr[cur]]:
                        return dfs(arr[cur], localmax)
                    return localmax
            visited = [False] * len(arr)
            count = 0
            i = 0
            while i < len(arr):
                localmax = dfs(i, -1)
                i += 1
                while i < localmax + 1:
                    if not visited[i]:
                        localmax = dfs(i, localmax)
                    i += 1
                count += 1
            return count
    if __name__ == '__main__':
        solution = Solution()
        arr = [1,0,2,3,4]
        print("输入:",arr)
        print("输出:",solution.maxChunksToSorted(arr))
```

4. 运行结果

输入: [1, 0, 2, 3, 4]
输出: 4

▶例 207　分割标签

1. 问题描述

给出一个由小写字母组成的字符串 S,将这个字符串分割成尽可能多的部分,使得每个字母最多只出现在一部分中,并返回每部分的长度。

2. 问题示例

输入 S = "ababcbacadefegdehijhklij",输出[9,7,8],划分后成为"ababcbaca"、"defegde"、"hijhklij"。

3. 代码实现

```
class Solution(object):
    def partitionLabels(self, S):
        last = {c: i for i, c in enumerate(S)}
        right = left = 0
        ans = []
        for i, c in enumerate(S):
            right = max(right, last[c])
            if i == right:
```

```
                ans.append(i - left + 1)
                left = i + 1
        return ans
if __name__ == '__main__':
    solution = Solution()
    s = "ababcbacadefegdehijhklij"
    print("输入:",s)
    print("输出:",solution.partitionLabels(s))
```

4. 运行结果

输入: ababcbacadefegdehijhklij
输出: [9, 7, 8]

▶例 208　网络延迟时间

1. 问题描述

有 N 个网络节点,从 1 到 N 标记。给定 times,一个传输时间和有向边列表 $times[i] = (u, v, w)$,其中 u 是起始点,v 是目标点,w 是一个信号从起始到目标点花费的时间。从一个特定节点 K 发出信号,计算所有节点收到信号需要花费多长时间;如果不可能,返回 -1。

2. 问题示例

输入 $times = [[2,1,1],[2,3,1],[3,4,1]]$,$N = 4$,$K = 2$,输出 2,因为从节点 2 到节点 1,时间为 1,从节点 2 到节点 3,时间为 1,从节点 2 到节点 4,时间为 2,所以最长花费时间为 2。

3. 代码实现

```
class Solution:
    # 参数 times: 数组
    # 参数 N: 整数
    # 参数 K: 整数
    # 返回整数
    def networkDelayTime(self, times, N, K):
        INF = 0x3f3f3f3f
        G = [[INF for i in range(N + 1)] for j in range(N + 1)]
        for i in range(1, N + 1):
            G[i][i] = 0
        for i in range(0, len(times)):
            G[times[i][0]][times[i][1]] = times[i][2]
        dis = G[K][:]
        vis = [0] * (N + 1)
        for i in range(0, N - 1):
            Mini = INF
            p = K
            for j in range(1, N + 1):
```

```
                    if vis[j] == 0 and dis[j] < Mini:
                        Mini = dis[j]
                        p = j
                vis[p] = 1
                for j in range(1, N + 1):
                    if vis[j] == 0 and dis[j] > dis[p] + G[p][j]:
                        dis[j] = dis[p] + G[p][j]
            ans = 0
            for i in range(1, N + 1):
                ans = max(ans, dis[i])
            if ans == INF:
                return - 1
            return ans
    if __name__ == '__main__':
        solution = Solution()
        times = [[2,1,1],[2,3,1],[3,4,1]]
        N = 4
        K = 2
        print("时间矩阵:",times)
        print("网络大小:",N)
        print("起始节点:",K)
        print("最小花费:",solution.networkDelayTime(times,N,K))
```

4. 运行结果

```
时间矩阵: [[2, 1, 1], [2, 3, 1], [3, 4, 1]]
网络大小: 4
起始节点: 2
最小花费: 2
```

▶ 例209　洪水填充

1. 问题描述

用一个 2D 整数数组表示一张图片,数组中每一个整数(0~65535)代表图片的像素行和列坐标。给定一个坐标(sr,sc)代表洪水填充的起始像素,同时给定一个像素颜色 newColor,"洪水填充"整张图片。

为了实现"洪水填充",从起始像素点开始,将与起始像素颜色相同的 4 向连接的像素都填充为新颜色,然后将与填充成新颜色的像素 4 向相连的、与起始像素颜色相同的像素也填充为新颜色……以此类推。返回修改后的图片。

2. 问题示例

输入 image = [[1,1,1],[1,1,0],[1,0,1]],sr = 1,sc = 1,newColor = 2,输出[[2,2,2],[2,2,0],[2,0,1]]。从图片的中心(坐标为(1,1)),所有和起始像素通过相同颜色相连的都填充为新的颜色 2。右下角没有被染成 2,因为它和起始像素不是 4 个方向相连的。

3. 代码实现

```python
class Solution(object):
    def floodFill(self, image, sr, sc, newColor):
        rows, cols, orig_color = len(image), len(image[0]), image[sr][sc]
        def traverse(row, col):
            if (not (0 <= row < rows and 0 <= col < cols)) or image[row][col] != orig_color:
                return
            image[row][col] = newColor
            [traverse(row + x, col + y) for (x, y) in ((0, 1), (1, 0), (0, -1), (-1, 0))]
        if orig_color != newColor:
            traverse(sr, sc)
        return image
if __name__ == '__main__':
    solution = Solution()
    image = [[1,1,1],[1,1,0],[1,0,1]]
    sr = 1
    sc = 1
    newColor = 2
    print("输入图像:", image)
    print("输入坐标: [", sr, ",", sc, "]")
    print("输入颜色:", newColor)
    print("输出图像:", (solution.floodFill(image, sr, sc, newColor)))
```

4. 运行结果

```
输入图像: [[1, 1, 1], [1, 1, 0], [1, 0, 1]]
输入坐标: [1 , 1]
输入颜色: 2
输出图像: [[2, 2, 2], [2, 2, 0], [2, 0, 1]]
```

▶ 例 210　映射配对之和

1. 问题描述

使用 insert 和 sum 方法实现 MapSum 类。使用 insert 方法，将获得键值对（键值，整数），如果键已存在，则原始键值将被新键值对覆盖。使用 sum 方法，将获得一个表示前缀的字符串，返回以该前缀键值开头所有值的总和。

2. 问题示例

输入 insert("apple", 3)，输出 Null；输入 sum("ap")，输出 3，即返回以"ap"开头的值的总和为 3；输入 insert("app", 2)，输出 Null；输入 sum("ap")，输出 5，即返回两个以"ap"开头的键值总和为 3+2=5。

3. 代码实现

```python
class TrieNode:
```

```
        def __init__(self):
            self.son = {}
            self.val = 0
class Trie:
    root = TrieNode()
    def insert(self, s, val):
        cur = self.root
        for i in range(0, len(s)):
            if s[i] not in cur.son:
                cur.son[s[i]] = TrieNode()
            cur = cur.son[s[i]]
            cur.val += val
    def find(self, s):
        cur = self.root
        for i in range(0, len(s)):
            if s[i] not in cur.son:
                return 0
            cur = cur.son[s[i]]
        return cur.val
class MapSum:
    def __init__(self):
        self.d = {}
        self.trie = Trie()
    def insert(self, key, val):
        #参数key:字符串
        #参数val:整数
        #无返回值
        if key in self.d:
            self.trie.insert(key, val - self.d[key])
        else:
            self.trie.insert(key, val)
        self.d[key] = val
    def sum(self, prefix):
        #参数prefix:字符串
        #返回整型
        return self.trie.find(prefix)
if __name__ == '__main__':
    mapsum = MapSum()
    print("插入方法:")
    print(mapsum.insert("apple", 3))
    print("求和方法:")
    print(mapsum.sum("ap"))
    print("插入方法:")
    print(mapsum.insert("app", 2))
    print("求和方法:")
    print(mapsum.sum("ap"))
```

4．运行结果

插入方法：None
求和方法：3
插入方法：None
求和方法：5

▶ 例 211　最长升序子序列的个数

1．问题描述

给定一个无序的整数序列，找到最长的升序子序列的个数。

2．问题示例

输入[1,3,5,4,7]，输出 2，两个最长的升序子序列分别是[1,3,4,7]和[1,3,5,7]。

3．代码实现

```python
import collections
class Solution(object):
    def findNumberOfLIS(self, nums):
        ans = [0, 0]
        l = len(nums)
        dp = collections.defaultdict(list)
        for i in range(l):
            dp[i] = [1, 1]
        for i in range(l):
            for j in range(i):
                if nums[i] > nums[j]:
                    if dp[j][0] + 1 > dp[i][0]:
                        dp[i] = [dp[j][0] + 1, dp[j][1]]
                    elif dp[j][0] + 1 == dp[i][0]:
                        dp[i] = [dp[i][0], dp[i][1] + dp[j][1]]
        for i in dp.keys():
            if dp[i][0] > ans[0]:
                ans = [dp[i][0], dp[i][1]]
            elif dp[i][0] == ans[0]:
                ans = [dp[i][0], ans[1] + dp[i][1]]
        return ans[1]
if __name__ == '__main__':
    solution = Solution()
    nums = [1,3,5,4,7]
    print("输入:",nums)
    print("输出:",solution.findNumberOfLIS(nums))
```

4．运行结果

输入：[1, 3, 5, 4, 7]
输出：2

▶ 例212 最大的交换

1. 问题描述

给定一个非负整数,可以选择交换它的两个数位,返回能获得的最大的合法数。

2. 问题示例

输入 2736,输出 7236,即交换数字 2 和 7。

3. 代码实现

```
class Solution:
    def maximumSwap(self, num):
        res, num = num, list(str(num))
        for i in range(len(num) - 1):
            for j in range(i + 1, len(num)):
                if int(num[j]) > int(num[i]):
                    tmp = int("".join(num[:i] + [num[j]] + num[i + 1:j] + [num[i]] +
num[j + 1:]))
                    res = max(res, tmp)
        return res
if __name__ == '__main__':
    solution = Solution()
    num = 2736
    print("输入:",num)
    print("输出:",solution.maximumSwap(num))
```

4. 运行结果

输入: 2736
输出: 7236

▶ 例213 将数组拆分成含有连续元素的子序列

1. 问题描述

给定一个整数数组 nums,将 nums 拆分成若干个(至少 2 个)子序列,并且每个子序列至少包含 3 个连续的整数,返回是否能实现这样的拆分。

2. 问题示例

输入[1,2,3,3,4,5],输出 True,可以把数组拆分成两个子序列[1, 2, 3],[3, 4, 5]。
输入[1,2,3,3,4,4,5,5],输出 True,可以把数组拆分成两个子序列[1, 2, 3, 4, 5],[3, 4, 5]。
输入 [1,2,3,4,4,5],输出 False,无法将其分成合法子序列。

3. 代码实现

```
class Solution:
```

```python
#参数 nums: 整数列表
#返回布尔类型
def isPossible(self, nums):
    cnt, tail = {}, {}
    for num in nums:
        cnt[num] = cnt[num] + 1 if num in cnt else 1
    for num in nums:
        if not num in cnt or cnt[num] < 1:
            continue
        if num - 1 in tail and tail[num - 1] > 0:
            tail[num - 1] -= 1
            tail[num] = tail[num] + 1 if num in tail else 1
        elif num + 1 in cnt and cnt[num + 1] > 0 and num + 2 in cnt and cnt[num + 2] > 0:
            cnt[num + 1] -= 1
            cnt[num + 2] -= 1
            tail[num + 2] = tail[num + 2] + 1 if num + 2 in tail else 1
        else:
            return False
        cnt[num] -= 1
    return True
if __name__ == '__main__':
    solution = Solution()
    nums = [1,2,3,3,4,5]
    print("输入:",nums)
    print("输出:",solution.isPossible(nums))
```

4. 运行结果

```
输入: [1, 2, 3, 3, 4, 5]
输出: True
```

▶ 例 214　Dota2 参议院

1. 问题描述

在 Dota2 的世界中,有两个党派:Radiant 和 Dire。Dota2 参议院由来自两党的参议员组成。现在,参议院想要对 Dota2 游戏的变化做出决定。对此变化的投票是基于回合的。在每一回合中,每位参议员都可以行使以下两项权利之一。①禁止一位参议员的权利。一个参议员可以让另一位参议员在这次以及随后的所有回合中失去投票权。②宣布胜利。如果这位参议员发现仍然有投票权的参议员都来自同一方,他可以宣布胜利并做出关于比赛变化的决定。

给出代表每个参议员所属党派的字符串。字符 R 和 D 分别代表 Radiant 方和 Dire 方。如果有 n 个参议员,则给定字符串的大小将为 n。

基于回合的过程从给定顺序的第一个参议员开始。程序将持续到投票结束。在这个过程中,所有失去投票权的参议员都将被跳过。

假设每个参议员足够聪明且将为自己的政党发挥最佳策略。预测哪一方最终宣布胜利并使 Dota2 比赛进行改变,输出应为 Radiant 或 Dire。

2. 问题示例

输入 RD,输出 Radiant。第 1 位参议员来自 Radiant,他可以禁止下一位参议员在第 1 轮的权利。第 2 位参议员不能再行使任何权利,因为他的权利已经被禁止了。在第 2 轮选举中,第 1 位参议员可以宣布胜利,因为他是参议院中唯一可以投票的人。

输入 RDD,输出 Dire,第 1 位参议员来自 Radiant,他可以在第 1 回合中禁止下一位参议员的权利。由于他的权利被禁止,第 2 位参议员不再行使任何权利。第 3 位参议员来自 Dire,他可以在第 1 回合禁止第 1 位参议员的权利。在第 2 回合中,第 3 位参议员可以宣布胜利,因为他是参议院中唯一可以投票的人。

3. 代码实现

```python
from collections import deque
class Solution():
    def predictPartyVictory(self,senate):
        senate = deque(senate)
        while True:
            try:
                thisGuy = senate.popleft()
                if thisGuy == 'R':
                    senate.remove('D')
                else:
                    senate.remove('R')
                senate.append(thisGuy)
            except:
                return 'Radiant' if thisGuy == 'R' else 'Dire'
if __name__ == '__main__':
    solution = Solution()
    senate = "RD"
    print("输入:",senate)
    print("输出:",solution.predictPartyVictory(senate))
```

4. 运行结果

输入: RD
输出: Radiant

例 215 合法的三角数

1. 问题描述

给定一个包含非负整数的数组,用从数组中选出的可以制作三角形的三元组数目,作为三角形的边长。

2. 问题示例

输入[2,2,3,4],输出 3,合法的组合为[2,3,4](使用第 1 个 2)、[2,3,4](使用第 2 个 2)、[2,2,3]。

3. 代码实现

```
class Solution:
    # 参数 nums: 数组
    # 返回整数
    def triangleNumber(self, nums):
        nums = sorted(nums)
        total = 0
        for i in range(len(nums) - 2):
            if nums[i] == 0:
                continue
            end = i + 2
            for j in range(i + 1, len(nums) - 1):
                while end < len(nums) and nums[end] < (nums[i] + nums[j]):
                    end += 1
                total += end - j - 1
        return total
if __name__ == '__main__':
    solution = Solution()
    nums = [2,2,3,4]
    print("输入:",nums)
    print("输出:",solution.triangleNumber(nums))
```

4. 运行结果

```
输入: [2, 2, 3, 4]
输出: 3
```

▶ 例 216 在系统中找到重复文件

1. 问题描述

给定一个目录信息列表(包含目录路径),以及该目录中包含的所有文件,根据路径查找文件系统中所有重复文件组。

一组重复文件包含至少两个具有相同内容的文件。输入信息列表中的单个目录信息字符串格式如下:root/d1/d2/.../dm f1. txt(f1_content) f2. txt(f2_content) ... fn. txt(fn_content),这代表在目录 root/d1/d2/.../dm 中有 n 个文件(f1. txt,f2. txt,…,fn. txt,内容分别为 f1_content,f2_content,…,fn_content)。注意 $n \geqslant 1$ 并且 $m \geqslant 0$。如果 $m = 0$,意味着该目录是根目录。

输出一个包含重复文件路径的列表,每组包含所有内容相同的文件路径。一个文件路径是具有以下格式的字符串 directory_path/file_name.txt。

2. 问题示例

输入 ["root/a 1.txt(abcd) 2.txt(efgh)"，"root/c 3.txt(abcd)"，"root/c/d 4.txt(efgh)"，"root 4.txt(efgh)"]，输出 [["root/a/2.txt","root/c/d/4.txt","root/4.txt"]，["root/a/1.txt","root/c/3.txt"]]。

3. 代码实现

```
import collections
class Solution:
    def findDuplicate(self, paths):
        dic = collections.defaultdict(list)
        for path in paths:
            root, *f = path.split(" ")
            for file in f:
                txt, content = file.split("(")
                dic[content] += root + "/" + txt,
        return [dic[key] for key in dic if len(dic[key]) > 1]
if __name__ == '__main__':
    paths = ["root/a 1.txt(abcd) 2.txt(efgh)", "root/c 3.txt(abcd)","root/c/d 4.txt(efgh)"]
    solution = Solution()
    print("输入:",paths)
    print("输出:",solution.findDuplicate(paths))
```

4. 运行结果

输入：['root/a 1.txt(abcd) 2.txt(efgh)', 'root/c 3.txt(abcd)', 'root/c/d 4.txt(efgh)']
输出：[['root/a/1.txt', 'root/c/3.txt'], ['root/a/2.txt', 'root/c/d/4.txt']]

例217 两个字符串的删除操作

1. 问题描述

给定 word1 和 word2 两个单词，找到使 word1 和 word2 相同所需的最少步骤，每个步骤可以删除任一字符串中的一个字符。

2. 问题示例

输入"sea"和"eat"，输出2，因为第1步需要将"sea"变成"ea"，第2步"eat"变成"ea"。

3. 代码实现

```
class Solution:
    #word1：字符串
    #参数 word2：字符串
    #返回整数
    def minDistance(self, word1, word2):
        m, n = len(word1), len(word2)
```

```
            dp = [[0] * (n + 1) for i in range(m + 1)]
            for i in range(m):
                for j in range(n):
                    dp[i + 1][j + 1] = max(dp[i][j + 1], dp[i + 1][j], dp[i][j] + (word1[i] ==
word2[j]))
            return m + n - 2 * dp[m][n]
if __name__ == '__main__':
    solution = Solution()
    word1 = "sea"
    word2 = "eat"
    print("输入 1:",word1)
    print("输入 2:",word2)
    print("输出:",solution.minDistance(word1,word2))
```

4. 运行结果

输入 1: sea
输入 2: eat
输出: 2

▶ 例 218　下一个更大的元素

1. 问题描述

给定一个 32 位整数 n，用与 n 中相同的数字元素组成新的比 n 大的 32 位整数。返回符合要求的最小整数，如果不存在这样的整数，返回 -1。

2. 问题示例

输入 123，输出 132。

3. 代码实现

```
class Solution:
    # n 为整数
    # 返回整数
    def nextGreaterElement(self, n):
        n_array = list(map(int, list(str(n))))
        if len(n_array) <= 1:
            return -1
        if len(n_array) == 2:
            if n_array[0] < n_array[1]:
                return int("".join(map(str, n_array[::-1])))
            else:
                return -1
        if n_array[-2] < n_array[-1]:
            n_array[-2], n_array[-1] = n_array[-1], n_array[-2]
            new_n = int("".join(map(str, n_array)))
        else:
            i = len(n_array) - 1
```

```
        while i > 0 and n_array[i - 1] >= n_array[i]:
            i -= 1
        if i == 0:
            return -1
        else:
            new_array = n_array[:i - 1]
            for j in range(len(n_array) - 1, i - 1, -1):
                if n_array[j] > n_array[i - 1]:
                    break
            new_array.append(n_array[j])
            n_array[j] = n_array[i - 1]
            new_array.extend(reversed(n_array[i:]))
            new_n = int("".join(map(str, new_array)))
        return new_n if new_n <= 2 ** 31 else -1
if __name__ == '__main__':
    solution = Solution()
    n = 123
    print("输入:", n)
    print("输出:", solution.nextGreaterElement(n))
```

4. 运行结果

输入: 123
输出: 132

▶ 例 219　最优除法

1. 问题描述

给定一个正整数列表,对相邻的整数执行浮点数除法(如给定[2,3,4],将进行运算 2/3/4)。在任意位置加入任意数量的括号,以改变运算优先级。找出如何加括号能使结果最大,以字符串的形式返回表达式。表达式不包括多余的括号。

2. 问题示例

输入[1000,100,10,2],输出"1000/(100/10/2)"。1000/(100/10/2) = 1000/((100/10)/2) = 200,"1000/((100/10)/2)"中的多重括号是多余的,因为它没有改变运算优先级,所以应该返回"1000/(100/10/2)"。

3. 代码实现

```
class Solution(object):
    def optimalDivision(self, nums):
        joinDivision = lambda l: '/'.join(list(map(str,l)))
        if len(nums) == 1: return str(nums[0])
        if len(nums) == 2: return joinDivision(nums)
        return str(nums[0]) if len(nums) == 1 else str(nums[0]) + '/(' +
joinDivision(nums[1:]) + ')'
```

```
if __name__ == '__main__':
    nums = [1000,100,10,2]
    solution = Solution()
    print("输入:",nums)
    print("输出:",solution.optimalDivision(nums))
```

4. 运行结果

```
输入: [1000, 100, 10, 2]
输出: 1000/(100/10/2)
```

▶ 例 220　通过删除字母匹配到字典里最长单词

1. 问题描述

给定字符串和字符串字典,找到字典中可以通过删除给定字符串的某些字符所形成的最长字符串。如果有多个可能的结果,则返回具有最小字典顺序的最长单词。如果没有可能的结果,则返回空字。

2. 问题示例

输入 s = "abpcplea", d = ["ale","apple","monkey","plea"],输出 apple。

3. 代码实现

```
class Solution:
    #参数 s: 字符串
    #参数 d: 列表
    #返回字符串
    def findLongestWord(self, s, d):
        for x in sorted(d, key = lambda x: ( - len(x), x)):
            it = iter(s)
            if all(c in it for c in x):
                return x
        return ''
if __name__ == '__main__':
    s = "abpcplea"
    d = ["ale", "apple", "monkey", "plea"]
    solution = Solution()
    print("输入:",s)
    print("输入:",d)
    print("输出:",solution.findLongestWord(s,d))
```

4. 运行结果

```
输入: abpcplea
输入: ['ale', 'apple', 'monkey', 'plea']
输出: apple
```

例 221 寻找树中最左下节点的值

1. 问题描述

给定一棵二叉树，找到这棵树最后一行中最左边的值。

2. 问题示例

如下所示，查找的值为 4。

3. 代码实现

```
class TreeNode:
    def __init__(self, val):
        self.val = val
        self.left, self.right = None, None
class Solution:
    #参数 root: 二叉树根
    #返回整数
    def findBottomLeftValue(self, root):
        self.max_level = 0
        self.val = None
        self.helper(root, 1)
        return self.val
    def helper(self, root, level):
        if not root: return
        if level > self.max_level:
            self.max_level = level
            self.val = root.val
        self.helper(root.left, level + 1)
        self.helper(root.right, level + 1)
if __name__ == '__main__':
    node = TreeNode(1)
    node.left = TreeNode(2)
    node.right = TreeNode(3)
    node.left.left = TreeNode(4)
    solution = Solution()
    print("输入:[1,2 3,4 # # #])
    print("输出:", solution.findBottomLeftValue(node))
```

4. 运行结果

输入：1,2 3,4 # # #
输出：4

▶ 例 222　出现频率最高的子树和

1. 问题描述

给定一棵树的根,找到出现频率最高的子树和[由以该节点为根的子树(包括节点本身)形成的所有节点值的总和]。如果存在多个,则以任意顺序返回频率最高的所有值。

2. 问题示例

输入{5,2,-3},输出[-3,2,4],如下所示,所有的值都只出现了一次,所以可以任意顺序返回。

3. 代码实现

```python
import collections
class TreeNode:
    def __init__(self, val):
        self.val = val
        self.left, self.right = None, None
class Solution:
    def findFrequentTreeSum(self, root):
        # root: 树根节点
        # 返回列表
        if not root:
            return []
        counter = collections.Counter()
        def sumnode(node):
            if not node:
                return 0
            ret = node.val
            if node.left:
                ret += sumnode(node.left)
            if node.right:
                ret += sumnode(node.right)
            counter[ret] += 1
            return ret
        sumnode(root)
        arr = []
        for k in counter:
            arr.append((k, counter[k]))
        arr.sort(key = lambda x: x[1], reverse = True)
        i = 0
        while i + 1 < len(arr) and arr[i + 1][1] == arr[0][1]:
            i += 1
```

```
            return [x[0] for x in arr[:i + 1]]
if __name__ == '__main__':
    node = TreeNode(5)
    node.right = TreeNode(-3)
    node.left = TreeNode(2)
    solution = Solution()
    print("输入:{5,3 2}")
    print("输出:", solution.findFrequentTreeSum(node))
```

4. 运行结果

输入：{5,3 2}
输出：[2, -3, 4]

▶ 例 223 寻找 BST 的 modes

1. 问题描述

给定具有重复项的二叉搜索树(BST)，找到 BST 中的所有 modes(出现最频繁的元素)。在这里假设一个 BST 定义如下：节点的左子树仅包含键小于或等于父节点的节点。节点的右子树仅包含键大于或等于父节点的节点，左右子树也必须是二叉搜索树。

2. 问题示例

输入[1,#,2,2]，输出[2]，即 2 是出现最频繁的元素。

3. 代码实现

```
class TreeNode:
    def __init__(self, val):
        self.val = val
        self.left, self.right = None, None
class Solution:
    #参数 root: 根节点
    #返回整数
    def helper(self, root, cache):
        if root == None:
            return
        cache[root.val] += 1
        self.helper(root.left, cache)
        self.helper(root.right, cache)
        return
    def findMode(self, root):
        from collections import defaultdict
        if root == None:
            return []
        cache = defaultdict(int)
        self.helper(root, cache)
```

```
                max_freq = max(cache.values())
                result = [k for k,v in cache.items() if v == max_freq]
                return result
    #主函数
    if __name__ == '__main__':
        T = TreeNode(1)
        T.left = None
        T2 = TreeNode(2)
        T.right = T2
        T3 = TreeNode(2)
        T2.left = T3
        s = Solution()
        print("输入:[1,#,2,2]")
        print("输出:",s.findMode(T))
```

4. 运行结果

输入: [1,#,2,2]
输出: [2]

▶ 例 224　对角线遍历

1. 问题描述

给定 $M \times N$ 个元素的矩阵(M 行,N 列),以对角线顺序返回矩阵的所有元素。给定矩阵的元素总数不会超过 10 000。

2. 问题示例

输入:
[
  [1 , 2 , 3],
  [4 , 5 , 6],
  [7 , 8 , 9]
]
输出:
[1,2,4,7,5,3,6,8,9]

3. 代码实现

```
class Solution:
    #参数 matrix: 矩阵
    #返回整数列表
    def findDiagonalOrder(self, matrix):
        import collections
        result = [ ]
        dd = collections.defaultdict(list)
```

```
        if not matrix:
            return result
        for i in range(0, len(matrix)):
            for j in range(0, len(matrix[0])):
                dd[i + j + 1].append(matrix[i][j])
        for k, v in dd.items():
            if k % 2 == 1: dd[k].reverse()
            result += dd[k]
        return result
# 主函数
if __name__ == '__main__':
    m = [
        [1, 2, 3],
        [4, 5, 6],
        [7, 8, 9]
        ]
    s = Solution()
    print("输入:",m)
    print("输出:",s.findDiagonalOrder(m))
```

4. 运行结果

输入: [[1, 2, 3], [4, 5, 6], [7, 8, 9]]
输出: [1, 2, 4, 7, 5, 3, 6, 8, 9]

▶例 225   提莫攻击

1. 问题描述

在 LOL 中,有一个叫提莫的英雄,攻击能够让敌人艾希进入中毒状态。给定提莫的攻击时间点的升序序列,以及每次提莫攻击时的中毒持续时间,输出艾希中毒态的总时间。假定提莫在每一个具体的时间段一开始就发动攻击,而且艾希立刻中毒;给定时间序列的长度不会超过 10 000;提莫攻击的时间序列和中毒持续时间都是非负整数,不会超过 10 000 000。

2. 问题示例

输入攻击时间序列[1,4],中毒持续时间为2,输出 4。在第 1 秒开始,提莫攻击了艾希,艾希立刻中毒,这次中毒持续 2 秒,直到第 2 秒末尾。在第 4 秒开始,提莫又攻击了艾希,又让艾希中毒了 2 秒,所以最终结果是 4。

输入攻击时间序列[1,2],中毒持续时间为2,输出 3。在第 1 秒开始,提莫攻击了艾希,艾希立刻中毒,这次中毒持续 2 秒,直到第 2 秒末尾。第 2 秒初,提莫又攻击了艾希,而此时艾希还处在中毒态。由于中毒态不会叠加,所以中毒态会在 3 秒末停止,最终返回 3。

3. 代码实现

```
class Solution:
```

```
#参数 timeSeries: 整数数组
#参数 duration: 整数
#返回整数
def findPoisonedDuration(self, timeSeries, duration):
    ans = duration * len(timeSeries)
    for i in range(1,len(timeSeries)):
        ans -= max(0, duration - (timeSeries[i] - timeSeries[i-1]))
    return ans
#主函数
if __name__ == '__main__':
    s = Solution()
    time = 2
    timws = [1,4]
    print("输入攻击序列:",timws)
    print("输入持续时间:",time)
    print("输出中毒时间:",s.findPoisonedDuration(timws,time))
```

4. 运行结果

```
输入攻击序列: [1, 4]
输入持续时间: 2
输出中毒时间: 4
```

▶ 例 226   目标和

1. 问题描述

给定一个非负整数的列表 a1,a2,…,an,再给定一个目标 S。用＋和－两种运算符号,对于每一个整数,选择一个作为其前面的符号。找出有多少种方法可以使得这些整数的和正好等于 S。

2. 问题示例

输入 nums 为 $[1,1,1,1,1]$,S 为 5,输出 5,可以通过如下方式实现:

$$-1+1+1+1+1 = 3$$
$$+1-1+1+1+1 = 3$$
$$+1+1-1+1+1 = 3$$
$$+1+1+1-1+1 = 3$$
$$+1+1+1+1-1 = 3$$

3. 代码实现

```
class Solution(object):
    def findTargetSumWays(self, nums, S):
        if not nums:
            return 0
        dic = {nums[0]: 1, -nums[0]: 1} if nums[0] != 0 else {0: 2}
```

```
    for i in range(1, len(nums)):
        tdic = {}
        for d in dic:
            tdic[d + nums[i]] = tdic.get(d + nums[i], 0) + dic.get(d, 0)
            tdic[d - nums[i]] = tdic.get(d - nums[i], 0) + dic.get(d, 0)
        dic = tdic
    return dic.get(S, 0)
# 主函数
if __name__ == '__main__':
    s = Solution()
    time = 3
    timws = [1,1,1,1,1]
    print("输入目标值:",time)
    print("输入序列值:",timws)
    print("输出方法:",s.findTargetSumWays(timws,time))
```

4．运行结果

```
输入目标值: 3
输入序列值: [1, 1, 1, 1, 1]
输出方法: 5
```

▶ 例227　升序子序列

1．问题描述

给定一个整数数组，找到所有可能的升序子序列。一个升序子序列的长度至少应为2。

2．问题示例

输入[4,6,7,7]，输出[[4,6],[4,6,7],[4,6,7,7],[4,7],[4,7,7],[6,7],[6,7,7],[7,7]]。

3．代码实现

```
class Solution(object):
    def findSubsequences(self, nums):
        # 参数 nums: 列表
        # 返回列表
        res = []
        self.subsets(nums, 0, [], res)
        return res
    def subsets(self, nums, index, temp, res):
        if len(nums) >= index and len(temp) >= 2:
            res.append(temp[:])
        used = {}
        for i in range(index, len(nums)):
            if len(temp) > 0 and temp[-1] > nums[i]: continue
            if nums[i] in used: continue
            used[nums[i]] = True
```

```
        temp.append(nums[i])
        self.subsets(nums, i+1, temp, res)
        temp.pop()
# 主函数
if __name__ == '__main__':
    s = Solution()
    series = [4,6,7,7]
    print("输入序列:",series)
    print("输出序列:",s.findSubsequences(series))
```

4. 运行结果

输入序列: [4, 6, 7, 7]
输出序列: [[4, 6], [4, 6, 7], [4, 6, 7, 7], [4, 7], [4, 7, 7], [6, 7], [6, 7, 7], [7, 7]]

▶ 例 228 神奇字符串

1. 问题描述

一个字符串 S 仅包含 1 和 2,并遵守以下规则:

字符串 S 的前几个元素如下: S = "12211212212211211122 …"。如果将 S 中的连续 1 和 2 分组,它将是 1 22 11 2 1 22 1 22 11 2 1 11 22 …,并且每组中出现 1 或 2 的情况是 1 2 2 1 1 2 1 2 2 1 2 2 …。给定一个整数 N 作为输入,返回神奇字符串 S 中前 N 个数字中的 1 的个数。

2. 问题示例

输入 6,输出 3。神奇字符串 S 的前 6 个元素是 12211,包含 3 个 1,所以返回 3。

3. 代码实现

```
class Solution(object):
    def magicalString(self, n):
        # 参数 n: 整数
        # 返回整数
        if n == 0:
            return 0
        elif n <= 3:
            return 1
        else:
            so_far, grp, ones = [1,2,2], 2, 1
            while len(so_far) < n:
                freq, item = so_far[grp], 1 if grp % 2 == 0 else 2
                for _ in range(freq):
                    so_far.append(item)
                ones, grp = ones + freq if item == 1 else ones, grp + 1
            if len(so_far) == n:
                return ones
```

```
        else:
                return ones - 1 if so_far[ - 1] == 1 else ones
# 主函数
if __name__ == '__main__':
    s = Solution()
    n = 6
    print("输入:",n)
    print("输出:",s.magicalString(n))
```

4. 运行结果

输入: 6
输出: 3

▶ 例229 爆破气球的最小箭头数

1. 问题描述

在 x 轴和 y 轴确定的二维空间中, x 轴的上方有许多气球。提供每个气球在 x 轴上投影的起点和终点坐标。起点总是小于终点, 最多有 10^4 个气球。

可以沿 x 轴从不同点垂直向上发射箭头。如果 xstart≤x≤xend, 则坐标为 xstart 和 xend 的气球被从 x 处发射的箭头戳爆。可以发射的箭头数量没有限制, 一次射击的箭头一直无限地向上移动。找到戳破所有气球的最小发射箭头数。

2. 问题示例

输入气球在 x 轴的投影起点和终点坐标为[[10,16], [2,8], [1,6], [7,12]], 输出2。一种方法是在[2,6]之间发射一个箭头, 爆破气球[2,8]和[1,6], 在[10,12]之间发射另一个箭头, 爆破另外2个气球。

3. 代码实现

```
class Solution(object):
    def findMinArrowShots(self, points):
        # 参数 points: 整数列表
        # 返回整数
        if points == None or not points:
            return 0
        points.sort(key = lambda x : x[1]);
        ans = 1
        lastEnd = points[0][1]
        for i in range(1, len(points)):
            if points[i][0] > lastEnd:
                ans += 1
                lastEnd = points[i][1]
        return ans
# 主函数
```

```
if __name__ == '__main__':
    s = Solution()
    n = [[10,16], [2,8], [1,6], [7,12]]
    print("输入:",n)
    print("输出:",s.findMinArrowShots(n))
```

4. 运行结果

输入: [[10, 16], [2, 8], [1, 6], [7, 12]]
输出: 2

▶例 230　查找数组中的所有重复项

1. 问题描述

给定一个整数数组,$1 \leqslant a[i] \leqslant n$($n$ 为数组的大小),一些元素出现 2 次,其他元素出现 1 次,找到在此数组中出现 2 次的所有元素。

2. 问题示例

输入$[4,3,2,7,8,2,3,1]$,输出$[2,3]$。

3. 代码实现

```
class Solution:
    #参数 nums: 整数列表
    #返回整数列表
    def findDuplicates(self, nums):
        if not nums:
            return []
        duplicates = []
        for each in range(len(nums)):
            index = nums[each]
            if index < 0:
                index = - index
            if nums[index - 1] > 0:
                nums[index - 1] = - nums[index - 1]
            else:
                duplicates.append(index)

        return duplicates
#主函数
if __name__ == '__main__':
    s = Solution()
    n = [4,3,2,7,8,2,3,1]
    print("输入:",n)
    print("输出:",s.findDuplicates(n))
```

4. 运行结果

```
输入: [4, 3, 2, 7, 8, 2, 3, 1]
输出: [2, 3]
```

▶例231 最小基因变化

1. 问题描述

基因序列可以用 8 个字符串表示, 可选择的字符包括 A、C、G、T。假设需要从起始点到结束点调查基因突变(基因序列中的单个字符发生突变, 如"AACCGGTT"→"AACCGGTA"是 1 个突变)。此外, 还有一个给定的基因库, 记录了所有有效的基因突变, 基因突变必须在基因库中才有效。

给出 3 个参数起始点、结束点、基因库, 确定从起始点到结束点变异所需的最小突变数; 如果没有这样的突变, 则返回−1。

2. 问题示例

输入起始点为"AACCGGTT", 结束点为"AACCGGTA", 基因库为["AACCGGTA"], 输出 1, 即只需一次突变, 且突变在基因库中。

3. 代码实现

```python
from collections import deque
class Solution:
    # 参数 start: 字符串
    # 参数 end: 字符串
    # 参数 bank: 字符串
    # 返回整数
    def minMutation(self, start, end, bank):
        if not bank:
            return -1
        bank = set(bank)
        h = deque()
        h.append((start, 0))
        while h:
            seq, step = h.popleft()
            if seq == end:
                return step
            for c in "ACGT":
                for i in range(len(seq)):
                    new_seq = seq[:i] + c + seq[i + 1:]
                    if new_seq in bank:
                        h.append((new_seq, step + 1))
                        bank.remove(new_seq)
        return -1
# 主函数
```

```
if __name__ == '__main__':
    s = Solution()
    n = "AACCGGTT"
    m = "AACCGGTA"
    p = ["AACCGGTA"]
    print("输入起点:",n)
    print("输入终点:",m)
    print("输入的库:",p)
    print("输出步数:",s.minMutation(n,m,p))
```

4. 运行结果

```
输入起点: AACCGGTT
输入终点: AACCGGTA
输入的库: ['AACCGGTA']
输出步数: 1
```

▶ 例232 替换后的最长重复字符

1. 问题描述

给定一个仅包含大写英文字母的字符串,可以将字符串中的任何一个字母替换为另一个字母,最多替换 k 次。执行上述操作后,找到最长的、只含有同一字母的子字符串长度。

2. 问题示例

输入"ABAB", $k = 2$,输出 4,因为将两个 A 替换成两个 B,反之亦然。

3. 代码实现

```
from collections import defaultdict
class Solution:
    # 参数 s: 字符串
    # 参数 k: 整数
    # 返回整数
    def characterReplacement(self, s, k):
        n = len(s)
        char2count = defaultdict(int)
        maxLen = 0
        start = 0
        for end in range(n):
            char2count[s[end]] += 1
            while end - start + 1 - char2count[s[start]] > k:
                char2count[s[start]] -= 1
                start += 1
            maxLen = max(maxLen, end - start + 1)
        return maxLen
# 主函数
if __name__ == '__main__':
```

```
        s = Solution()
        n = "ABAB"
        m = 2
        print("输入字符串:",n)
        print("输入重复次数:",m)
        print("输出子串长度:",s.characterReplacement(n,m))
```

4. 运行结果

```
输入字符串：ABAB
输入重复次数：2
输出子串长度：4
```

▶ 例 233　从英文中重建数字

1. 问题描述

给定一个非空字符串,包含用英文单词对应的数字 0～9,但是字母顺序是打乱的,以升序输出数字。

2. 问题示例

输入"owoztneoer",输出"012"(zeroonetwo)。

3. 代码实现

```
class Solution:
    # 参数 s: 字符串
    # 返回字符串
    def originalDigits(self, s):
        nums = [0 for x in range(10)]
        nums[0] = s.count('z')
        nums[2] = s.count('w')
        nums[4] = s.count('u')
        nums[6] = s.count('x')
        nums[8] = s.count('g')
        nums[3] = s.count('h') - nums[8]
        nums[7] = s.count('s') - nums[6]
        nums[5] = s.count('v') - nums[7]
        nums[1] = s.count('o') - nums[0] - nums[2] - nums[4]
        nums[9] = (s.count('n') - nums[1] - nums[7]) // 2
        result = ""
        for x in range(10):
            result += str(x) * nums[x]
        return result
# 主函数
if __name__ == '__main__':
    s = Solution()
    n = "owoztneoer"
```

```
print("输入:",n)
print("输出:",s.originalDigits(n))
```

4. 运行结果

输入: owoztneoer
输出: 012

▶ 例 234　数组中两个数字的最大异或

1. 问题描述

给定一个非空数组$[a_0,a_1,a_2,\cdots,a_{n-1}]$,其中 $0 \leqslant a_i < 2^{31}$。找出 a_i XOR a_j 的最大结果,其中 $0 \leqslant i,j < n$。

2. 问题示例

输入$[3,10,5,25,2,8]$,输出 28,最大的结果为 5XOR25 = 28。

3. 代码实现

```python
class TrieNode:
    def __init__(self,val):
        self.val = val
        self.children = {}
class Solution:
    #参数 nums: 整数
    #返回整数
    def findMaximumXOR(self, nums):
        answer = 0
        for i in range(32)[::-1]:
            answer <<= 1
            prefixes = {num >> i for num in nums}
            answer += any(answer^1 ^ p in prefixes for p in prefixes)
        return answer
    def findMaximumXOR_TLE(self, nums):
        root = TrieNode(0)
        for num in nums:
            self.addNode(root, num)
        res = - sys.maxsize
        for num in nums:
            cur_node, cur_sum = root, 0
            for i in reversed(range(0,32)):
                bit = (num >> i) & 1
                if (bit^1) in cur_node.children:
                    cur_sum += 1 << i
                    cur_node = cur_node.children[bit^1]
                else:
                    cur_node = cur_node.children[bit]
```

```
                res = max(res, cur_sum)
            return res
        def addNode(self, root, num):
            cur = root
            for i in reversed(range(0,32)):
                bit = (num >> i) & 1
                if bit not in cur.children:
                    cur.children[bit] = TrieNode(bit)
                cur = cur.children[bit]
# 主函数
if __name__ == '__main__':
    s = Solution()
    n = [3, 10, 5, 25, 2, 8]
    print("输入：",n)
    print("输出：",s.findMaximumXOR(n))
```

4. 运行结果

```
输入：[3, 10, 5, 25, 2, 8]
输出：28
```

▶ 例 235 根据身高重排队列

1. 问题描述

有一个顺序被随机打乱的列表，代表站成一列的人群。每个人由一个二元组 $(h，k)$ 表示，其中 h 表示身高，k 表示在其之前高于或等于 h 的人数。需要将这个队列重新排列以恢复原有的顺序。

2. 问题示例

输入 $[[7,0]，[4,4]，[7,1]，[5,0]，[6,1]，[5,2]]$，输出 $[[5,0]，[7,0]，[5,2]，[6,1]，[4,4]，[7,1]]$。

3. 代码实现

```
class Solution:
    """
    参数 people：整数列表
    返回整数列表
    """
    def reconstructQueue(self, people):
        queue = []
        for person in sorted(people, key = lambda _: ( - _[0], _[1])): queue.insert(person[1],
person)
        return queue
# 主函数
if __name__ == '__main__':
```

```
s = Solution()
n = [[7,0], [4,4], [7,1], [5,0], [6,1], [5,2]]
print("输入:",n)
print("输出:",s.reconstructQueue(n))
```

4. 运行结果

输入: [[7, 0], [4, 4], [7, 1], [5, 0], [6, 1], [5, 2]]
输出: [[5, 0], [7, 0], [5, 2], [6, 1], [4, 4], [7, 1]]

▶例 236　左叶子的和

1. 问题描述

找出给定二叉树中所有左叶子值之和。

2. 问题示例

输入:

输出 24。这棵二叉树中,有 2 个左叶子节点,它们的值分别为 9 和 15,所以返回 24。

3. 代码实现

```python
class TreeNode:
    def __init__(self, val):
        self.val = val
        self.left, self.right = None, None
class Solution(object):
    def sumOfLeftLeaves(self, root):
        """
        参数 root: 二叉树根
        返回整数
        """
        def dfs(root):
            if not root:
                return 0
            sum = 0
            if root.left:
                left = root.left;
                # 当前节点的左子节点,并判断是否为叶子节点
                if not left.left and not left.right:
                    sum += left.val;
                else:
                    sum += dfs(left)
```

```
            if root.right:
                right = root.right
                sum += dfs(right)
            return sum
        return dfs(root)
# 主函数
if __name__ == '__main__':
    s = Solution()
    t = TreeNode(3)
    t1 = TreeNode(9)
    t.left = t1
    t2 = TreeNode(20)
    t.right = t2
    t3 = TreeNode(15)
    t2.left = t3
    t4 = TreeNode(7)
    t2.right = t4
    print("输入:[3,9 20,# # 15 7]")
    print("输出:",s.sumOfLeftLeaves(t))
```

4. 运行结果

```
输入: [3,9 20,# # 15 7]
输出: 24
```

▶ 例237 移除 k 位

1. 问题描述

给定一个以字符串表示的非负整数,从该数字中移除 k 个数位,使剩余数位组成的数字尽可能小,求可能的最小结果。

2. 问题示例

输入 num = "1432219", k = 3,输出 1219,因为移除数位 4,3,2 后生成的最小的新数字为 1219。

3. 代码实现

```
class Solution:
    """
    参数 num: 字符串
    参数 k: 整数
    返回字符串
    """
    def removeKdigits(self, num, k):
        if k == 0:
            return num
```

```
        if k >= len(num):
            return "0"
        result_list = []
        for i in range(len(num)):
            while len(result_list) > 0 and k > 0 and result_list[-1] > num[i]:
                result_list.pop()
                k -= 1
            if num[i] != '0' or len(result_list) > 0:
                result_list.append(num[i])
        while len(result_list) > 0 and k > 0:
            result_list.pop()
            k -= 1
        if len(result_list) == 0:
            return '0'
        return ''.join(result_list)
# 主函数
if __name__ == '__main__':
    s = Solution()
    n = "1432219"
    k = 3
    print("输入数字:",n)
    print("输入移除数:",k)
    print("输出:",s.removeKdigits(n,k))
```

4. 运行结果

输入数字: 1432219
输入移除数: 3
输出: 1219

▶ 例 238 轮转函数

1. 问题描述

给定一个整数数组 A, 长度为 n。Bk 为 A 中元素顺时针旋转 k 个位置后得到的新数组。定义关于 A 的轮转函数 F 如下: $F(k) = 0 * Bk[0] + 1 * Bk[1] + \cdots + (n-1) * Bk[n-1]$。计算 $F(0), F(1), \cdots, F(n-1)$ 中的最大值。

2. 问题示例

输入 $[4, 3, 2, 6]$, 输出 26。

$F(0) = (0 * 4) + (1 * 3) + (2 * 2) + (3 * 6) = 0 + 3 + 4 + 18 = 25$

$F(1) = (0 * 6) + (1 * 4) + (2 * 3) + (3 * 2) = 0 + 4 + 6 + 6 = 16$

$F(2) = (0 * 2) + (1 * 6) + (2 * 4) + (3 * 3) = 0 + 6 + 8 + 9 = 23$

$F(3) = (0 * 3) + (1 * 2) + (2 * 6) + (3 * 4) = 0 + 2 + 12 + 12 = 26$

所以 F(0)、F(1)、F(2)、F(3)中最大的值是 F(3)，为 26。

3. 代码实现

```
class Solution:
    """
    参数 A 数组
    返回整数
    """
    def maxRotateFunction(self, A):
        s = sum(A)
        curr = sum(i * a for i, a in enumerate(A))
        maxVal = curr
        for i in range(1, len(A)):
            curr += s - len(A) * A[-i]
            maxVal = max(maxVal, curr)
        return maxVal
# 主函数
if __name__ == '__main__':
    s = Solution()
    n = [4,3,2,6]
    print("输入:",n)
    print("输出:",s.maxRotateFunction(n))
```

4. 运行结果

```
输入: [4, 3, 2, 6]
输出: 26
```

例 239　字符至少出现 k 次的最长子串

1. 问题描述

找出给定字符串的最长子串，使得该子串中的每一个字符都出现了至少 k 次，返回这个子串的长度。

2. 问题示例

输入 s = "aaabb"，$k = 3$，输出 3，最长子串为"aaa"，因为 a 重复了 3 次。

3. 代码实现

```
class Solution:
    """
    参数 s: 字符串
    参数 k: 整数
    返回整数
    """
    def longestSubstring(self, s, k):
        for c in set(s):
```

```
                if s.count(c) < k:
                    return max(self.longestSubstring(t, k) for t in s.split(c))
            return len(s)
# 主函数
if __name__ == '__main__':
    s = Solution()
    n = "aaabb"
    k = 3
    print("输入字符串:",n)
    print("输入重复次数:",k)
    print("输出子串长度:",s.longestSubstring(n,k))
```

4. 运行结果

```
输入字符串: aaabb
输入重复次数: 3
输出子串长度: 3
```

▶ 例 240　消除游戏

1. 问题描述

从 1~n 的排序整数列表中删除第一个数字,然后从左到右每隔一个数字删除一个,直到列表末尾;重复上一步骤,但这次从右到左,即从剩余的数字中删除最右边的数字和每隔一个数字删一个。左右交替重复上述步骤,直到剩下一个数字。找到长度为 n 的列表剩下的最后一个数字。

2. 问题示例

输入 9,输出 6,删除后的列表依次如下:

```
1 2 3 4 5 6 7 8 9
2 4 6 8
2 6
6
```

3. 代码实现

```
class Solution:
    """
    参数 n: 整数
    返回整数
    """
    def lastRemaining(self, n):
        return 1 if n == 1 else 2 * (1 + n // 2 - self.lastRemaining(n // 2))
# 主函数
if __name__ == '__main__':
    s = Solution()
```

```
n = 9
print("输入:",n)
print("输出:",s.lastRemaining(n))
```

4. 运行结果

输入: 9
输出: 6

▶例 241　有序矩阵中的第 k 小元素

1. 问题描述

给定一个 $n \times n$ 矩阵,每一行和每一列都按照升序排序,找出矩阵中的第 k 小元素。注意是将所有元素有序排列的第 k 小元素,而不是第 k 个互不相同的元素。

2. 问题示例

输入$[[1, 5, 9],[10, 11, 13],[12, 13, 15]]$,$k = 8$,输出 13。

3. 代码实现

```python
class Solution:
    """
    参数 matrix: 整数列表
    参数 k: 整数
    返回整数
    """
    def kthSmallest(self, matrix, k):
        start = matrix[0][0]
        end = matrix[-1][-1]
        while start + 1 < end:
            mid = start + (end - start) // 2
            if self.get_num_less_equal(matrix, mid) < k:
                start = mid
            else:
                end = mid
        if self.get_num_less_equal(matrix, start) >= k:
            return start
        return end
    def get_num_less_equal(self, matrix, mid):
        m = len(matrix)
        n = len(matrix[0])
        i = 0
        j = n - 1
        count = 0
        while i < m and j >= 0:
            if matrix[i][j] <= mid:
                i += 1
```

```
                    count += j + 1
                else:
                    j -= 1
        return count
# 主函数
if __name__ == '__main__':
    s = Solution()
    n = [[ 1,   5,   9],[10, 11, 13],[12, 13, 15]]
    k = 8
    print("输入数组:",n)
    print("输入顺序:",k)
    print("输出数字:",s.kthSmallest(n,k))
```

4. 运行结果

输入数组: [[1, 5, 9], [10, 11, 13], [12, 13, 15]]
输入顺序: 8
输出数字: 13

▶ 例 242　超级幂次

1. 问题描述

计算 a^b 取模 337。其中 a 是一个正整数，b 也是一个正整数，以数组的形式给出。

2. 问题示例

输入 $a = 2$，$b = [3]$，输出 8。

3. 代码实现

```
class Solution:
    """
    参数 a: 整数(the given number a)
    参数 b: 数组
    返回整数
    """
    def superPow(self, a, b):
        if a == 0:
            return 0
        ans = 1
        def mod(x):
            return x % 1337
        for num in b:
            ans = mod(mod(ans ** 10) * mod(a ** num))
        return ans
# 主函数
if __name__ == '__main__':
    s = Solution()
```

```
n = 2
k = [3]
print("输入 a = :",n)
print("输入 b = :",k)
print("输出:",s.superPow(n,k))
```

4. 运行结果

```
输入 a = : 2
输入 b = : [3]
输出: 8
```

▶例 243　水罐问题

1. 问题描述

两个罐子,容量分别为 x 和 y 升。可以获取到无限数量的水,判断能否使用这两个罐子量出恰好 z 升的水(即在若干次操作后,可以在一个或两个罐子中盛上 z 升的水)。允许的操作:将任意一个罐子盛满水;倒空任意一个罐子里的水;将一个罐子中的水倒入另一个罐子,直到这个罐子完全空或者另一个罐子完全满。

2. 问题示例

输入 $x = 3,y = 5,z = 4$,输出 True。可以用公式 $z = m * x + n * y$ 来表达。其中 m、n 为舀水和倒水的次数,正数表示往里舀水,负数表示往外倒水。题目中的例子可以写成 $4 = (-2) * 3 + 2 * 5$,即 3 升的水罐往外倒了两次水,5 升水罐往里舀了两次水。问题就变成了对于任意给定的 x、y、z,是否存在 m 和 n 使得上面的等式成立。

3. 代码实现

```
class Solution:
    """
    参数 x: 整数
    参数 y: 整数
    参数 z: 整数
    返回布尔类型
    """
    def canMeasureWater(self, x, y, z):
        if x + y < z:
            return False
        return z % self.gcd(x,y) == 0
    def gcd(self, x, y):
        if y == 0:
            return x
        return self.gcd(y, x % y)
# 主函数
if __name__ == '__main__':
```

```
s = Solution()
x = 3
y = 5
z = 4
print("输入 x = :",x)
print("输入 y = :",y)
print("输入 z = :",z)
print("输出:",s.canMeasureWater(x,y,z))
```

4. 运行结果

```
输入 x = : 3
输入 y = : 5
输入 z = : 4
输出: True
```

▶ 例 244 计算不同数字整数的个数

1. 问题描述

给定非负整数 n，计算小于等于 n 位数。具有不同数字字符的所有整数共有多少个。

2. 问题示例

输入 2，输出 91，$0 \leqslant x < 100$ 范围内的总数，除去 [11,22,33,44,55,66,77,88,99] 共有 91 个。

3. 代码实现

```
class Solution:
    """
    参数 n: 整数
    返回整数
    """
    def countNumbersWithUniqueDigits(self, n):
        if n == 0:
            return 1
        n = min(n, 10)
        dp = [0] * (n + 1)
        dp[0], dp[1] = 1, 9
        for i in range(2, n + 1):
            dp[i] = dp[i - 1] * (11 - i)
        return sum(dp)
# 主函数
if __name__ == '__main__':
    s = Solution()
    x = 2
    print("输入:",x)
    print("输出:",s.countNumbersWithUniqueDigits(2))
```

4. 运行结果

输入: 2
输出: 91

▶例245 最大乘积路径

1. 问题描述

一棵有 n 个节点,根节点为1的二叉树,每条边通过两个顶点 x[i]、y[i] 来描述,每个点的权值通过 d[i] 来描述。求从根节点到叶子节点路径上所有节点权值乘积对 10^9+7 取模后最大路径的值。

2. 问题示例

输入 x $= [1]$,y $= [2]$,d $= [1,1]$,输出 1,最大乘积路径为 $1->2$,(1×1) % $(10^9+7) = 1$。输入 x $= [1,2,2]$, y $= [2,3,4]$, d $= [1,1,-1,2]$,输出 1 000 000 006,最大乘积路径为 $1->2->3$,$(1\times1\times(-1))$ % $(10^9+7) = 1\ 000\ 000\ 006$。

3. 代码实现

```
# 参数 x,y: 每条边的起始和终止
# 参数 d: 每个节点的权重
# 返回值: 整数,是取模后节点的最大乘积
class Solution:
    ans = 0
    def dfs(self, x, f, g, d, mul):
        isLeaf = True
        mul = mul * d[x - 1] % 1000000007
        for i in g[x]:
            if i == f:
                continue
            isLeaf = False
            self.dfs(i, x, g, d, mul)
        if(isLeaf is True):
            self.ans = max(self.ans, mul)
    def getProduct(self, x, y, d):
        g = [ [] for i in range(len(d) + 1)]
        for i in range(len(x)):
            g[x[i]].append(y[i])
            g[y[i]].append(x[i])
        self.dfs(1, -1, g, d, 1)
        return self.ans
if __name__ == '__main__':
    x = [1,2,2]
    y = [2,3,4]
    d = [1,1,-1,2]
```

```
        solution = Solution()
        print(" 每个边的起始和终止:", x, y)
        print(" 每个节点的权重:", d)
        print(" 最大路径上的乘积是:", solution.getProduct(x, y, d))
```

4. 运行结果

```
每个边的起始和终止: [1, 2, 2] [2, 3, 4]
每个节点的权重: [1, 1, -1, 2]
最大路径上的乘积是: 1 000 000 006
```

▶ 例 246 矩阵找数

1. 问题描述

给出一个矩阵 mat,找出所有行都出现的数字。如果有多个,输出最小的那个数;如果没有,则输出-1。

2. 问题示例

输入 mat = [[1,2,3],[3,4,1],[2,1,3]],输出 1,因 1 和 3 每行都有出现,1 比 3 小。
输入 mat = [[1,2,3],[3,4,2],[2,1,8]],输出 2,因为 2 在矩阵的每行都出现。

3. 代码实现

```
# 参数 mat: 待查矩阵
# 返回值: 整数,是每一行都出现的最小的数字
class Solution:
    def findingNumber(self, mat):
        hashSet = {}
        n = len(mat)
        for mati in mat:
            vis = {}
            for x in mati:
                vis[x] = 1
            for key in vis:
                if key not in hashSet:
                    hashSet[key] = 0
                hashSet[key] += 1
        ans = 100001
        for i in hashSet:
            if hashSet[i] == n:
                ans = min(i, ans)
        return -1 if ans == 100001 else ans
class Solution:
    def findingNumber(self, mat):
        hashSet = {}
        n = len(mat)
```

```
        for mati in mat:
            vis = {}
            for x in mati:
                vis[x] = 1
            for key in vis:
                if key not in hashSet:
                    hashSet[key] = 0
                hashSet[key] += 1
        ans = 100001
        for i in hashSet:
            if hashSet[i] == n:
                ans = min(i, ans)
        return -1 if ans == 100001 else ans
if __name__ == '__main__':
    mat = [[1,2,3],[3,4,1],[2,1,3]]
    solution = Solution()
    print(" 矩阵:", mat)
    print(" 每一行都出现的最小的数:", solution.findingNumber(mat))
```

4. 运行结果

```
矩阵: [[1, 2, 3], [3, 4, 1], [2, 1, 3]]
每一行都出现的最小的数: 1
```

▶ 例 247 路径数计算

1. 问题描述

输入一个矩阵的长度为 l,宽度为 w,并指定 3 个必经点,问有多少种方法可以从左上角走到右下角(每一步只能向右或者向下走)。输入保证合法,有解。答案对 1 000 000 007 取模。

2. 问题示例

给出 l=4,w=4,3 个必经点为 [1,1]、[2,2]、[3,3],返回 8,如下所示共有 8 种方法:

[1,1]→[1,2]→[2,2]→[2,3]→[3,3]→[3,4]→[4,4]
[1,1]→[1,2]→[2,2]→[2,3]→[3,3]→[4,3]→[4,4]
[1,1]→[1,2]→[2,2]→[3,2]→[3,3]→[3,4]→[4,4]
[1,1]→[1,2]→[2,2]→[3,2]→[3,3]→[4,3]→[4,4]
[1,1]→[2,1]→[2,2]→[2,3]→[3,3]→[3,4]→[4,4]
[1,1]→[2,1]→[2,2]→[2,3]→[3,3]→[4,3]→[4,4]
[1,1]→[2,1]→[2,2]→[3,2]→[3,3]→[3,4]→[4,4]
[1,1]→[2,1]→[2,2]→[3,2]→[3,3]→[4,3]→[4,4]
给出 l=1,w=5,3 个必经点为 [1,2],[1,3],[1,4],返回 1,因为 [1,1]→[1,2]→

$[1,3] \rightarrow [1,4] \rightarrow [1,5]$，只有 1 种方法。

3. 代码实现

```
# 参数 points: 除了始末点外的必经点
# 参数 l 和 w: 长和宽
# 返回值: 一个整数,有多少种走法
class Point:
    def __init__(self, a = 0, b = 0):
        self.x = a
        self.y = b
class Solution:
    def calculationTheSumOfPath(self, l, w, points):
        points.sort(key = lambda point: point.x)
        if points[0].x != 1 or points[0].y != 1:
            points = [Point(1,1)] + points
        if points[0].x != l or points[0].y != w:
            points = points + [Point(l,w)]
        arr = [[] for i in range(len(points) - 1)]
        maxl = 0
        maxw = 0
        for i in range(1, len(points)):
            l = points[i].x - points[i - 1].x
            w = points[i].y - points[i - 1].y
            arr[i - 1] = [points[i].x - points[i - 1].x, points[i].y - points[i - 1].y]
            maxl = max(maxl, l)
            maxw = max(maxw, w)
        dp = [[0 for i in range(max(maxl, maxw) + 1)]for j in range(max(maxl, maxw) + 1)]
        del l, w, maxl, maxw
        for i in range(len(dp)):
            for j in range(i, len(dp)):
                if i == 0:
                    dp[j][i] = dp[i][j] = 1
                else:
                    dp[j][i] = dp[i][j] = dp[i - 1][j] + dp[i][j - 1]
        ans = 1
        for i in arr:
            ans = ans * dp[i[0]][i[1]] % 1000000007
        return ans
if __name__ == '__main__':
    l = 43
    w = 48
    points = [Point(17,19), Point(43,48), Point(3,5)]
    solution = Solution()
    print(" 长与宽分别为:", l, w)
    print(" 有路径种数:", solution.calculationTheSumOfPath(l, w, points))
```

4. 运行结果

长与宽分别为：43 48
有路径种数：472 542 024

▶ 例 248 卡牌游戏

1. 问题描述

卡牌游戏，给出两个非负整数 totalProfit（总利润）、totalCost（总成本）和 n 张卡牌的信息，第 i 张卡牌利润值 $a[i]$，成本值 $b[i]$。可以从卡牌中任意选择若干张牌，组成一个方案，有多少个方案满足所有选择的卡牌利润和大于 totalProfit 且成本和小于 totalCost。

2. 问题示例

给出 $n = 2$，totalProfit $= 3$，totalCost $= 5$，$a = [2,3]$，$b = [2,2]$，返回 1，因为只有一个合法的方案，就是将两个卡牌都选上，此时 $a[1] + a[2] = 5 >$ totalProfit 且 $b[1] + b[2] <$ totalCost，满足要求。给出 $n = 3$，totalProfit $= 5$，totalCost $= 10$，$a = [6,7,8]$，$b = [2,3,5]$，返回 6，假设一个合法方案 (i,j) 表示选择了第 i 张卡牌和第 j 张卡牌，则此时合法的方案有：(1)、(2)、(3)、(1,2)、(1,3)、(2,3)。

3. 代码实现

```python
class Solution:
    def numOfPlan(self, n, totalProfit, totalCost, a, b):
        dp = [[0 for j in range(110)] for i in range(110)]
        dp[0][0] = 1
        mod = 1000000007
        for i in range(n):
            for j in range(totalProfit + 1, -1, -1):
                for k in range(totalCost + 1, -1, -1):
                    idxA = min(totalProfit + 1, j + a[i])
                    idxB = min(totalCost + 1, k + b[i])
                    dp[idxA][idxB] = (dp[j][k] + dp[idxA][idxB]) % mod
        ans = 0
        for i in range(totalCost):
            ans = (ans + dp[totalProfit + 1][i]) % mod
        return ans
if __name__ == '__main__':
    n = 2
    totalProfit = 3
    totalCost = 5
    a = [2,3]
    b = [2,2]
    solution = Solution()
    print(" 总卡片数:", n)
    print(" 成本和利润的列表:", a, b)
```

```
        print(" 总成本:", totalProfit, " 需要总利润:", totalCost)
        print(" 可使用方法总数:", solution.numOfPlan(n, totalProfit, totalCost, a, b))
```

4. 运行结果

总卡片数: 2
成本和利润的列表: [2, 3] [2, 2]
总成本: 3　需要总利润: 5
可使用方法总数: 1

▶ 例 249　词频统计

1. 问题描述

输入一个字符串 s 和一个字符串列表 excludeList,求 s 中不存在于 excludeList 中的所有最高频词。

2. 问题示例

给出 s ="I love Amazon.", excludeList =[],返回 ["i","love","amazon"],"i","love","amazon" 都是出现次数最多的单词。给出 s = "Do not trouble trouble.", excludeList = ["do"],返回["trouble"],"trouble"是不存在列表中,且出现次数最多的单词。

3. 代码实现

```python
# 参数 s: 待查句子
# 参数 excludeList: 被排除的单词
# 返回值: 一个字符串的列表,是所有出现频次最高的单词
class Solution:
    def getWords(self, s, excludeList):
        s = s.lower()
        words = []
        p = ''
        for letter in s:
            if letter < 'a' or letter > 'z':
                if p != '':
                    words.append(p)
                p = ''
            else:
                p += letter
        if p != '':
            words.append(p)
        dic = {}
        for word in words:
            if word in dic:
                dic[word] += 1
            else:
```

```
                dic[word] = 1
        ans = []
        mx = 0
        for word in words:
            if dic[word] > mx and (not word in excludeList):
                mx = dic[word]
                ans = [word]
            elif dic[word] == mx and word not in ans and not word in excludeList:
                ans.append(word)
        return ans
if __name__ == '__main__':
    s = "Do do do do not not Trouble trouble."
    excludeList = ["do"]
    solution = Solution()
    print(" 待查句子:", s , "除外词表为:", excludeList)
    print(" 词频最高的单词:", solution.getWords(s, excludeList))
```

4. 运行结果

待查句子: Do do do do not not Trouble trouble. 除外词表为: ['do']
词频最高的单词: ['not', 'trouble']

▶例 250　查找子数组

1. 问题描述

给定一个数组 arr 和一个正整数 k,需要从这个数组中找到一个连续子数组,使得这个子数组的和为 k。返回这个子数组的长度。如果有多个这样的子数组,返回结束位置最小的;如果结束位置最小的也有多个,返回结束位置最小且起始位置最小的。如果找不到这样的子数组,返回−1。

2. 问题示例

给出 arr $=[1,2,3,4,5]$,$k=5$,返回 2,因为该数组中,最早出现的连续子串和为 5 的是$[2,3]$。给出 arr $=[3,5,7,10,2]$,$k=12$,返回 2,因为该数组中,最早出现的连续子串和为 12 的是$[5,7]$。

3. 代码实现

```
# 参数 arr: 原数组
# 参数 k: 目标子数组和
# 返回值: 整数,代表这样一个子数组的起始位置,或者 −1 代表不存在
class Solution:
    def searchSubarray(self, arr, k):
        sum = 0
        maps = {}
        maps[sum] = 0
        st = len(arr) + 5
```

```
        lent = 0
        for i in range(0, len(arr)):
            sum += arr[i]
            if sum - k in maps:
                if st > maps[sum - k]:
                    st = maps[sum - k]
                    lent = i + 1 - maps[sum - k]
            if sum not in maps:
                maps[sum] = i + 1
        if st == len(arr) + 5:
            return -1
        else:
            return lent
if __name__ == '__main__':
    arr = [1,2,3,4,5]
    k = 5
    solution = Solution()
    print(" 数组:", arr, "k 为:", k)
    print(" 最短和为 k 的子数组:", solution.searchSubarray(arr, k))
```

4. 运行结果

数组: [1, 2, 3, 4, 5] k 为: 5
最短和为 k 的子数组: 2

▶ 例 251   最小子矩阵

1. 问题描述

给定一个大小为 $n \times m$ 的矩阵 arr，矩阵的每个位置有一个可正可负的整数，要求从矩阵中取出一个非空子矩阵，使其包含的数字之和最小，输出最小子矩阵的数字和。

2. 问题示例

给定 a = [[-3,-2,-1],[-2,3,-2],[-1,3,-1]]，返回 -7，因为子矩阵左上角坐标(0,0)，右下角坐标(1,2)，最小和为 -7。给定 a = [[1,1,1],[1,1,1],[1,1,1]]，返回 1，因为所有的位置都是正数，但是子矩阵不能为空，所以取最小的。

3. 代码实现

```
class Solution:
    def minimumSubmatrix(self, arr):
        ans = arr[0][0]
        for i in range(len(arr)):
            sum = [0 for x in range(len(arr[0]))]
            for j in range(i,len(arr)):
                for k in range(len(arr[0])):
                    sum[k] += arr[j][k]
```

```
                   dp = [0 for i in range(len(arr[0]))]
                   for k in range(len(arr[0])):
                        if k == 0:
                             dp[k] = sum[k]
                        else:
                             dp[k] = min(sum[k], dp[k-1] + sum[k])
                        ans = min(ans, dp[k])
          return ans
if __name__ == '__main__':
     arr = a = [[-3, -2, -1], [-2, 3, -2], [-1, 3, -1]]
     solution = Solution()
     print("数组:", arr)
     print("最小子数组:", solution.minimumSubmatrix(arr))
```

4. 运行结果

数组: [[-3, -2, -1], [-2, 3, -2], [-1, 3, -1]]
最小子数组: -7

▶ 例 252　最佳购物计划

1. 问题描述

你有 k 元钱,商场里有 n 个礼盒,m 个商品,每个商品和礼盒都有一个对应的价值 val[i]和费用 cost[i],对于每个商品,只有在购买了其对应的礼盒 belong[i]后才能购买。给出 n、m、大小为 $n+m$ 的数组 val、cost 和 belong,输出在花费不超过 k 的情况下能得到的商品和礼盒的最大价值。

2. 问题示例

给出 $n=3$,$m=2$,$k=10$,val $=[17,20,8,1,4]$,cost $=[3,5,2,3,1]$,belong $=[-1,-1,-1,0,2]$,返回 45,即只买 3 个礼盒,这样总价值最大(17+20+8)。给出 $n=2$,$m=4$,$k=9$,val $=[5,7,7,18,16,8]$,cost $=[1,1,3,3,3,5]$,belong $=[-1,-1,1,0,1,1]$,返回 46,即买 2 个礼盒,再买 1 号和 2 号商品,这样总价值最大(5+7+18+16)。给出 $n=2$,$m=2$,$k=10$,val $=[10,1,20,20]$,cost $=[1,10,2,3]$,belong $=[-1,-1,0,0]$,返回 50,即买 0 号礼盒、0 号和 1 号商品,这样总价值最大(10+20+20=50)。

3. 代码实现

```
#参数k代表你有的钱
#参数m和n分别代表商品和礼盒数
#参数val:代表价值的列表
#参数costs:代表费用的列表
#返回值:整数,代表可获得的最大价值
class Solution:
     def getAns(self, n, m, k, val, cost, belong):
          dp = [[-1 for i in range(0, 100001)] for i in range(0, 105)]
```

```
        arr = [[] for i in range(0, 105)]
        for i in range(n, n + m):
            if not belong[i] == -1:
                arr[belong[i]].append(i)
        dp[0][cost[0]] = val[0]
        for i in arr[0]:
            for j in range(k, cost[i] - 1, -1):
                if not dp[0][j - cost[i]] == -1:
                    dp[0][j] = dp[0][j - cost[i]] + val[i]
        for i in range(1, n):
            for j in range(k, cost[i] - 1, -1):
                if not dp[i - 1][j - cost[i]] == -1:
                    dp[i][j] = dp[i - 1][j - cost[i]] + val[i]
            dp[i][cost[i]] = val[i]
            for j in arr[i]:
                for l in range(k, cost[j] - 1, -1):
                    if not dp[i][l - cost[j]] == -1:
                        dp[i][l] = max(dp[i][l], dp[i][l - cost[j]] + val[j])
            for j in range(0, k + 1):
                dp[i][j] = max(dp[i][j], dp[i - 1][j])
        ans = 0
        for i in range(0, k + 1):
            ans = max(ans, dp[n - 1][i])
        return ans
if __name__ == '__main__':
    k = 10
    m = 2
    n = 3
    val = [17, 20, 8, 1, 4]
    cost = [3, 5, 2, 3, 1]
    belong = [-1, -1, -1, 0, 2]
    solution = Solution()
    print(" 拥有的钱:", k)
    print(" 有商品数:", m, " 有礼盒数:", n)
    print(" 价值的列表:", val, " 费用的列表:", cost)
    print(" 可以得到最大价值:", solution.getAns(n, m, k, val, cost, belong))
```

4. 运行结果

```
拥有的钱: 10
有商品数: 2  有礼盒数: 3
价值的列表: [17, 20, 8, 1, 4]  费用的列表: [3, 5, 2, 3, 1]
可以得到最大价值: 45
```

▶ 例 253　询问冷却时间

1. 问题描述

一串技能必须按照顺序释放，释放顺序为 arr。每个技能都有长度为 n 的冷却时间。也就是说,两个同类技能之间至少要间隔 n 秒。释放每个技能需要 1 秒,返回放完所有技能所需要的时间。

2．问题示例

给出 arr $= [1,1,2,2]$,$n = 2$。返回 8。因为顺序为 $[1,\_,\_,1,2,\_,\_,2]$,技能 1 在第 1 秒释放,在第 2 秒和第 3 秒进入冷却时间,在第 4 秒释放第 2 次;技能 2 在第 5 秒释放,在第 6 秒和第 7 秒进入冷却时间,在第 8 秒释放第 2 次。给出 arr $= [1,2,1,2]$,$n = 2$。返回 5,因为顺序为 $[1,2,\_,1,2]$,技能 1 在第 1 秒释放,在第 2 秒和第 3 秒进入冷却时间,在第 4 秒释放第 2 次;技能 2 在第 2 秒释放,在第 3 秒和第 4 秒进入冷却时间,在第 5 秒释放第 2 次。

3．代码实现

```
# 参数 arr: 输入的待查数组
# 参数 n: 公共冷却时间
# 返回值: 整数,代表需要多少时间
class Solution:
    def askForCoolingTime(self, arr, n):
        ans = 0
        l = [0 for i in range(110)]
        for x in arr:
            if l[x] == 0 or ans - l[x] > n:
                ans += 1
            else:
                ans = l[x] + n + 1
            l[x] = ans
        return ans
if __name__ == '__main__':
    arr = [1, 2, 1, 2]
    n = 2
    solution = Solution()
    print(" 数组:", arr, " 冷却为:", n)
    print(" 至少需要时间:", solution.askForCoolingTime(arr, n))
```

4．运行结果

```
数组: [1, 2, 1, 2]　冷却为: 2
至少需要时间: 5
```

▶ 例 254　树上最长路径

1．问题描述

给出由 n 个节点、$n-1$ 条边组成的一棵树。求这棵树中距离最远的两个节点之间的距离。给出 3 个大小为 $n-1$ 的数组 $[\text{starts}, \text{ends}, \text{lens}]$,表示第 i 条边是从 $\text{starts}[i]$ 连向 $\text{ends}[i]$,长度为 $\text{lens}[i]$ 的无向边。

2. 问题示例

给出 $n = 5$, starts $= [0, 0, 2, 2]$, ends $= [1, 2, 3, 4]$, lens $= [1, 2, 5, 6]$, 返回 11, 因为 $(3—2—4)$ 这条路径长度为 11, 路径 $(4—2—3)$ 同理。给出 $n = 5$, starts $= [0, 0, 2, 2]$, ends $= [1, 2, 3, 4]$, lens $= [5, 2, 5, 6]$, 返回 13, 因为 $(1—0—2—4)$ 这条路径长度为 13, 路径 $(4—2—0—1)$ 同理。

3. 代码实现

```python
# 参数 n: 节点总数
# 参数 starts: 每条边的起始
# 参数 ends: 每条边的结束
# 参数 lens: 每条边的权重
# 返回值: 整数,代表树上最长路径
import sys
sys.setrecursionlimit(200000)
class Solution:
    G = []
    dp = []
    def dfs(self, u, pre):
        for x in self.G[u]:
            if x[0] != pre:
                self.dp[x[0]] = self.dp[u] + x[1]
                self.dfs(x[0], u)
    def longestPath(self, n, starts, ends, lens):
        self.G = [[] for i in range(n)]
        self.dp = [0 for i in range(n)]
        for i in range(n - 1):
            self.G[starts[i]].append([ends[i], lens[i]])
            self.G[ends[i]].append([starts[i], lens[i]])
        self.dp[0] = 0
        self.dfs(0, 0)
        pos = Mx = 0
        for i in range(n):
            if self.dp[i] > Mx:
                pos = i
                Mx = self.dp[i]
        self.dp[pos] = 0
        self.dfs(pos, pos)
        ans = 0
        for i in range(n):
            if self.dp[i] > ans:
                ans = self.dp[i]
        return ans
if __name__ == '__main__':
    n = 5
    starts = [0, 0, 2, 2]
```

```
        ends = [1, 2, 3, 4]
        lens = [1, 2, 5, 6]
        solution = Solution()
        print("总共有节点:", n)
        print("每条边的起始:", starts)
        print("每条边的结束:", ends)
        print("每条边的权重:", lens)
        print("树上最长路径:", solution.longestPath(n, starts, ends, lens))
```

4. 运行结果

```
总共有节点: 5
每条边的起始: [0, 0, 2, 2]
每条边的结束: [1, 2, 3, 4]
每条边的权重: [1, 2, 5, 6]
树上最长路径: 11
```

▶例 255　取数游戏

1. 问题描述

一个数组 arr,有 2 个玩家 1 号和 2 号轮流从数组中取数。只能从数组的两头进行取数,且一次只能取 1 个。两人都采取最优策略,直到最后数组中的数被取完后,谁取的总和多,就赢得胜利。1 号玩家先取,问最后谁将获胜。若 1 号玩家必胜或两人打成平局,返回 1;若 2 号玩家必胜,返回 2。

2. 问题示例

给出 arr = [1,3,1,1],返回 1。假设 sum1、sum2 为两个玩家的分数,1 号玩家最优策略取数组尾部,此时数组为[1,3,1],sum1 = 1,2 号玩家有两种取法。①第一种取法,2 号玩家取头部,此时数组为[3,1],sum2 = 1;1 号玩家取头部,此时数组为[1],sum1 = 4;2 号玩家取头部,sum2 = 2,sum1 > sum2。②第二种取法,2 号玩家取尾部,此时数组为[1,3],sum2 = 1;1 号玩家取尾部,此时数组为[1],sum1 = 4;2 号玩家取头部,sum2 = 2,sum1 > sum2。所以 1 号玩家必定胜利,返回 1。

3. 代码实现

```
#参数 s 和 t: 一对字符串,它们需要被验证能否根据规则互相转换
#返回值: 字符串,意为能否根据规则转换
class Solution:
    def theGameOfTakeNumbers(self, arr):
        n = len(arr)
        if n == 0:
            return 1
        sum = [0 for i in range(n)]
        for i in range(1, n + 1):
            for j in range(0, n - i + 1):
```

```
            if i == 1:
                sum[j] = arr[j]
                continue
            k = j + i - 1
            sum[j] = max(arr[k] - sum[j], arr[j] - sum[j + 1])
        return 1 if sum[0] >= 0 else 2
if __name__ == '__main__':
    arr = [1,3,3,1]
    solution = Solution()
    print(" 游戏数组:", arr)
    print(" 赢家会是:", solution.theGameOfTakeNumbers(arr))
```

4. 运行结果

```
游戏数组: [1, 3, 3, 1]
赢家会是: 1
```

▶ 例 256 数组求和

1. 问题描述

给定一个数组 arr,分别对其每个子数组求和,再把所有的和加起来,返回加起来的值。返回值对 1 000 000 007 取模。

2. 问题示例

给出 arr＝[2,4,6,8,10],返回 210,因为子数组 1([2])的和为 2,子数组 2([2,4])的和为 6,子数组 3([2,4,6])的和为 12,子数组 4([2,4,6,8])的和为 20,子数组 5([2,4,6,8,10])的和为 30,子数组 6([4])的和为 4,子数组 7([4,6])的和为 10,子数组 8([4,6,8])的和为 18,子数组 9([4,6,8,10])的和为 28,子数组 10([6])的和为 6,子数组 11([6,8])的和为 14,子数组 12([6,8,10])的和为 24,子数组 13([8])的和为 8,子数组 14([8,10])的和为 18,子数组 15([10])的和为 10,所以总和为 210。

3. 代码实现

```
# 参数 arr: 原始总列表
# 返回值: 整数,代表所有子数组的和
class Solution:
    def findTheSumOfTheArray(self, arr):
        ans = 0
        n = len(arr)
        for i in range(n):
            ans = (ans + arr[i] * (i + 1) * (n - i)) % 1000000007;
        return ans
if __name__ == '__main__':
    arr = [2,4,6,8,10]
    solution = Solution()
```

```
print(" 输入数组 arr:", arr)
print(" 所有子数组的和:", solution.findTheSumOfTheArray(arr))
```

4. 运行结果

```
输入数组 arr: [2, 4, 6, 8, 10]
所有子数组的和: 210
```

▶例 257 最短短语

1. 问题描述

在一篇文章中,一个短语由至少 k 个连续的单词组成,并且其总长度不小于 lim。将一篇文章以一个字符串数组 str 的形式给出,输出文章中最短的短语长度。

2. 问题示例

给出 $k = 2$,lim $= 7$,str $=$ ["i","love","longterm","so","much"],返回 10,因为最短的短语是"longterm so"。"longterm"虽然长度超过 'lim,但是它只包含一个单词,所以不是短语。

$k = 2$,lim $= 10$,str $=$ ["she","was","bad","in","singing"],返回 11,因为最短的短语是"she was bad in",其总长度为 11。"she singing"虽然满足包含的单词数量 $\geqslant k$,长度 $\geqslant$ lim,但是这两个单词在文中不连续。

3. 代码实现

```python
#参数 k: 最短单词数
#参数 lim: 最短短语长度
#参数 str: 被查找的字符串列表
#返回值: 整数,代表最短短语
class Solution:
    def getLength(self, k, lim, str):
        n = len(str)
        arr = [0] * n
        for i in range(n):
            arr[i] = len(str[i])
        l = 0
        r = 0
        sum = 0
        ans = 1e9
        for r in range(n):
            sum += arr[r]
            while r - l >= k and sum - arr[l] >= lim:
                sum -= arr[l]
                l += 1
            if r - l + 1 >= k and sum >= lim:
                ans = min(ans, sum)
```

```
        return ans
if __name__ == '__main__':
    k = 2
    lim = 10
    str = ["she","was","bad","in","singing"]
    solution = Solution()
    print(" 最短单词数:", k)
    print(" 短语长度限制为大于:", lim)
    print(" 文章列表:", str)
    print(" 最短短语:", solution.getLength(k, lim, str))
```

4. 运行结果

```
最短单词数: 2
短语长度限制为大于: 10
文章列表: ['she', 'was', 'bad', 'in', 'singing']
最短短语: 11
```

▶ 例 258　频率最高的词

1. 问题描述

给出一个字符串 s,表示小说的内容,再给出一个不参加统计的单词列表 list,求字符串中出现频率最高的单词(如果有多个,返回字典序最小的单词)。

2. 问题示例

输入 s = "Jimmy has an apple, it is on the table, he like it", excludeWords = ["a", "an", "the"],输出是 it。

3. 代码实现

```
# 参数 s 为小说的字符串,excludeWords 是不统计的词列表
# 返回值是个单词,是出现最多的词
class Solution:
    def frequentWord(self, s, excludewords):
        map = {}
        while len(s) > 0:
            end = s.find(' ') if s.find(' ') > -1 else len(s)
            word = s[:end] if s[end - 1].isalpha() else s[:end - 1]
            s = s[end + 1:]
            if word not in excludewords:
                if word in map:
                    map[word] += 1
                else:
                    map[word] = 1
        max = -1
        res = []
```

```
        for key, val in map.items():
            if val == max:
                res.append(key)
            elif val > max:
                max = val
                res = [key]
        res.sort()
        return res[0]
if __name__ == '__main__':
    s = "Jimmy has an apple, it is on the table, he like it"
    excludeWords = ["a","an","the"]
    solution = Solution()
    print("小说的内容:", s)
    print("统计不包含的词:", excludeWords)
    print("最常出现的词:", solution.frequentWord(s, excludeWords))
```

4. 运行结果

```
小说的内容: Jimmy has an apple, it is on the table, he like it
统计不包含的词: ['a', 'an', 'the']
最常出现的词: it
```

▶ 例259 判断三角形

1. 问题描述

给定一个数组 arr,判断能否从数组里找到 3 个元素作为 3 条边的边长,使 3 条边能够组成一个三角形。若能,返回 YES;反之则返回 NO。

2. 问题示例

给出 arr=[2,3,5,8],返回 NO,因为 2、3、5 无法组成三角形,2、3、8 无法组成三角形,3、5、8 无法组成三角形。给出 arr=[3,4,5,8],返回 YES,因为 3、4、5 可以组成一个三角形。

3. 代码实现

```
# 参数 a: 输入原始数组
# 返回值: 字符串,意为能否形成三角形
class Solution:
    def judgingTriangle(self, arr):
        n = len(arr)
        if n > 44:
            return "YES"
        arr.sort();
        for i in range(n - 2):
            for j in range(i + 1, n - 1):
                for k in range(j + 1, n):
```

```
                         if arr[i] + arr[j] > arr[k]:
                             return "YES"
                 return "NO"
    if __name__ == '__main__':
        a = [1,2,5,9,10]
        solution = Solution()
        print(" 输入数组:", a)
        print(" 能否组成三角形:", solution.judgingTriangle(a))
```

4．运行结果

```
输入数组: [1, 2, 5, 9, 10]
能否组成三角形: YES
```

▶例 260　最大矩阵边界和

1．问题描述

给定一个大小为 $n \times m$ 的矩阵 arr，从 arr 中找出一个非空子矩阵，使位于这个子矩阵边界上的元素之和最大，输出该子矩阵边界上的元素之和。

2．问题示例

给出 arr $= [[-1,-3,2],[2,3,4],[-3,7,2]]$，返回 16，因为子矩阵 $[[3,4],[7,2]]$ 的边界元素之和最大。给出 arr $= [[-1,-1],[-1,-1]]$，返回 -1，矩阵里所有元素都是负的，所以只能选最小的矩阵 $[[-1]]$。给出 arr $= [1,1,1],[1,2,1],[1,1,1]$，返回 8，选取整个矩阵，轮廓和为 $8 * 1 = 8$。

3．代码实现

```
# 参数 arr: 输入矩阵
# 返回值: 整数,代表最大边界数值的和
class Solution:
    def solve(self, arr):
        n = len(arr)
        m = len(arr[0])
        preCol = []
        preRow = []
        for r in range(n):
            tem = [0]
            res = 0
            for c in range(m):
                res += arr[r][c]
                tem.append(res)
            preRow.append(tem)
        for c in range(m):
            tem = [0]
            res = 0
```

```
                for r in range(n):
                    res += arr[r][c]
                    tem.append(res)
                preCol.append(tem)
            ans = arr[0][0]
            for r1 in range(n):
                for r2 in range(r1, n):
                    for c1 in range(m):
                        for c2 in range(c1, m):
                            if r1 == r2 and c1 == c2:
                                res = arr[r1][c1]
                            elif r1 == r2:
                                res = preRow[r1][c2 + 1] - preRow[r1][c1]
                            elif c1 == c2:
                                res = preCol[c1][r2 + 1] - preCol[c1][r1]
                            else:
                                res = preCol[c1][r2 + 1] - preCol[c1][r1] + preCol[c2][r2
+ 1] - preCol[c2][r1] + \
                                    preRow[r1][c2 + 1] - preRow[r1][c1] + preRow[r2][c2
+ 1] - preRow[r2][c1] - arr[r1][
                                        c1] - arr[r1][c2] - arr[r2][c1] - arr[r2][c2]
                            ans = max(ans, res)
            return ans
if __name__ == '__main__':
    arr = [[-1, -3, 2], [2, 3, 4], [-3, 7, 2]]
    solution = Solution()
    print("矩阵:", arr)
    print("最大能得到边界和:", solution.solve(arr))
```

4. 运行结果

矩阵: [[-1, -3, 2], [2, 3, 4], [-3, 7, 2]]
最大能得到边界和: 16

▶ 例261　卡牌游戏

1. 问题描述

玩一个卡牌游戏，总共有 n 张牌，每张牌的成本为 $cost[i]$，可造成 $damage[i]$ 的伤害。总共有 totalMoney 元，并且需要造成至少 totalDamage 的伤害才能获胜。每张牌只能使用一次，判断是否可以取得胜利。

2. 问题示例

输入卡牌的 cost 和 damage 数组分别为 $[3, 4, 5, 1, 2]$、$[3, 5, 5, 2, 4]$，总共拥有金钱 totalMoney 为 7，需要造成伤害 totalDamage 为 11，返回 True，可以使用卡片 1,3,4 达成。

3. 代码实现

```
# 参数 Cost 和 Damage: 卡牌属性
# 参数 totalMoney 和 totalDamage: 拥有的金钱数和需要造成的伤害
# 返回值: 布尔值,代表能否达成伤害
class Solution:
    def cardGame(self, cost, damage, totalMoney, totalDamage):
        num = len(cost)
        dp = [0] * (totalMoney + 1)
        for i in range(0, num):
            for j in range(totalMoney, cost[i] - 1, -1):
                dp[j] = max(dp[j], dp[j - cost[i]] + damage[i])
                if dp[j] >= totalDamage:
                    return True
        return False
if __name__ == '__main__':
    cost = [3,4,5,1,2]
    damage = [3,5,5,2,4]
    totalMoney = 7
    totalDamage = 11
    solution = Solution()
    print(" 卡牌的 cost 和 damage 数组分别为:", cost, damage)
    print(" 总共拥有金钱:", totalMoney)
    print(" 需要造成伤害:", totalDamage)
    print(" 能否达成:", solution.cardGame(cost, damage, totalMoney, totalDamage))
```

4. 运行结果

```
卡牌的 cost 和 damage 数组分别为: [3, 4, 5, 1, 2] [3, 5, 5, 2, 4]
总共拥有金钱: 7
需要造成伤害: 11
能否达成: True
```

▶ 例 262 停车问题

1. 问题描述

想知道一家公共停车场上午的最大化利用率有多少。给定该停车场上午车辆入场时间与出场时间的记录表,写一个函数,算出这家停车场上午最多的时候同时停放了多少辆车。

2. 问题示例

给出 a = [[8,9],[4,6],[3,7],[6,8]],返回 2,因为[4,6]或[3,7]时刻停车场有 2 辆车,其余时间最多就 1 辆车。给出 a = [[1,2],[2,3],[3,4],[4,5]],返回 1,因为无论何时,都是 1 辆车开出后另 1 辆车再进来,最多就 1 辆车。

3. 代码实现

```
# 参数 a: 上午停车场入场时间与出场时间的记录表
```

```
#返回值: 整数,代表最多同时有几辆车
class Solution:
    def getMax(self, a):
        ans = [0] * 23
        for i in a:
            for j in range(i[0], i[1]):
                ans[j] += 1
        max = ans[0]
        for i in ans:
            if i > max:
                max = i
        return max
if __name__ == '__main__':
    a = [[1,2],[2,3],[3,4],[4,5]]
    solution = Solution()
    print(" 车辆进出表:", a)
    print(" 最多同时有车:", solution.getMax(a))
```

4．运行结果

车辆进出表: [[1, 2], [2, 3], [3, 4], [4, 5]]
最多同时有车: 1

▶ 例 263　爬楼梯

1．问题描述

准备爬 n 个台阶的楼梯,当位于第 i 级台阶时,可以往上走 1 至 num[i] 级台阶。问有多少种爬完楼梯的方法,返回答案对 10^9+7 取模。

2．问题示例

给出 $n = 3$,num $= [3,2,1]$,返回 4。方案一,在第 0 级台阶时往上走 3 级;方案二,在第 0 级台阶时往上走 1 级,在第 1 级台阶时往上走 2 级;方案三,在第 0 级台阶时往上走 1 级,在第 1 级台阶时往上走 1 级,在第 2 级台阶时往上走 1 级;方案四,在第 0 级台阶时往上走 2 级,在第 2 级台阶时往上走 1 级。

3．代码实现

```
#参数 a 与 b 分别是匹配数组和价值数组
#返回值是个整数,代表选择区间的最大价值
class Solution:
    def getAnswer(self, n, num):
        ans = [0] * (len(num) + 1)
        ans[0] = 1
        for i in range(n):
            for j in range(1 + i, min(len(num) + 1, i + num[i] + 1)):
                ans[j] = (ans[j] + ans[i]) % (10 ** 9 + 7)
```

```
            return ans[len(num)]
if __name__ == '__main__':
    n = 4
    num = [1,1,1,1]
    solution = Solution()
    print(" 台阶数和每层台阶能往上登的阶数:", n, num)
    print(" 走到顶一共有几种走法:", solution.getAnswer(n, num))
```

4. 运行结果

```
台阶数和每层台阶能往上登的阶数: 4 [1, 1, 1, 1]
走到顶一共有几种走法: 1
```

▶ 例 264 最小字符串

1. 问题描述

给定一个长度为 n、只含小写字母的字符串 s,从中去掉 k 个字符,得到一个长度为 $n \sim k$ 的新字符串。设计算法,输出字典序最小的新字符串。

2. 问题示例

给定 s = "abccc",$k = 2$,返回"abc",可以删除 4 号位和 5 号位的字母 c。给定 s = "bacdb",$k = 2$,返回 acb,删除 1 号位的 b 和 4 号位的 d。给定 s = "cba",$k = 2$,返回 a,删除 1 号位的 c 和 2 号位的 b。

3. 代码实现

```
# 参数 s: 原始字符串
# 参数 k: 最大删除数目
# 返回值: 字符串,代表删完后的最小字典序字符串
class Solution:
    def findMinC(self, s, k):
        ans = 0
        if len(s) <= k:
            return -1
        for i in range(1, k + 1):
            if ord(s[i]) < ord(s[i - 1]):
                ans = i
        return ans
    def MinimumString(self, s, k):
        ans = ""
        while k > 0:
            temp = self.findMinC(s, k)
            if temp == -1:
                s = ''
                break
            ans = ans + s[temp]
```

```
                s = s[temp + 1:]
                k -= temp
            ans += s
            return ans
if __name__ == '__main__':
    s = "cba"
    k = 2
    solution = Solution()
    print(" 原始字符串:", s)
    print(" 可以删除到最小字典序:", solution.MinimumString(s, k))
```

4. 运行结果

原始字符串: cba
可以删除到最小字典序: a

▶例265　目的地的最短路径

1. 问题描述

给定表示地图坐标的 2D 数组,地图上只有值 0、1、2,0 表示可以通过,1 表示不可通过,2 表示目标位置。从坐标[0,0]开始,只能上、下、左、右移动,找到可以到达目的地的最短路径,并返回路径的长度。

2. 问题示例

给定 targetMap,返回值为 4,即需要 4 步到达终点。

```
[
[0, 0, 0],
[0, 0, 1],
[0, 0, 2]
]
```

3. 代码实现

```
# 参数 targetMap: 表示地图坐标的 2D 数组
# 返回值: 整数,是最短步数
class Solution:
    ans = []
    def cal(self, targetMap, x, y, z):
        if targetMap[x][y] == 1:
            return
        if z < self.ans[x][y] or self.ans[x][y] == -1:
            self.ans[x][y] = z
            if x != 0:
                self.cal(targetMap, x - 1, y, z + 1)
            if x != len(targetMap) - 1:
```

```
                    self.cal(targetMap, x + 1, y, z + 1)
                if y != 0:
                    self.cal(targetMap, x, y - 1, z + 1)
                if y != len(targetMap[0]) - 1:
                    self.cal(targetMap, x, y + 1, z + 1)
            return
    def shortestPath(self, targetMap):
        self.ans = [[-1 for i in range(len(targetMap[0]))] for j in range(len(targetMap))]
        self.cal(targetMap, 0, 0, 0)
        print(self.ans)
        for i in range(len(targetMap)):
            for j in range(len(targetMap[0])):
                if targetMap[i][j] == 2:
                    return self.ans[i][j]
if __name__ == '__main__':
    targetMap = [[0, 0, 0],[0, 0, 1],[0, 0, 2]]
    solution = Solution()
    print(" 地图:", targetMap)
    print(" 最少需要走:", solution.shortestPath(targetMap))
```

4. 运行结果

```
地图: [[0, 0, 0], [0, 0, 1], [0, 0, 2]]
最少需要走: 4
```

▶ 例 266 毒药测试

1. 问题描述

给定 n 瓶水,其中只有一瓶水是毒药,小白鼠会在喝下任何剂量的毒药后 24 小时死亡。请问如果需要在 24 小时的时候知道哪瓶水是毒药,至少需要几只小白鼠才能保证测试成功?

2. 问题示例

给定 $n=3$,返回为 2。给 1 号小白鼠喝 1 号水,给 2 号小白鼠喝 2 号水,如果 1 号小白鼠死了,说明 1 号水是毒药;如果 2 号小白鼠死了,说明 2 号水是毒药;如果都没死,说明 3 号水是毒药。

给定 $n=6$,返回为 3。给 1 号小白鼠喝 5、6 号水,给 2 号小白鼠喝 3、4 号水,给 3 号小白鼠喝 2、4、6 号水,如果小白鼠 1、2、3 都没死,则 1 号水有毒;如果小白鼠 1、2 没死、3 死,则 2 号水有毒;如果小白鼠 1、3 没死,2 死,则 3 号水有毒;如果小白鼠 1 没死,2、3 死,则 4 号水有毒;如果小白鼠 1 死,2、3 没死,则 5 号水有毒;如果小白鼠 1、3 死,2 没死,则 6 号水有毒。

3. 代码实现

```
# 参数 n: 总水瓶数
```

```
#返回值：整数,代表需要多少小白鼠
class Solution:
    def getAns(self, n):
        n -= 1
        ans = 0
        while n != 0:
            n //= 2
            ans += 1
        return ans
if __name__ == '__main__':
    n = 4
    solution = Solution()
    print("总共有:",n,"瓶水")
    print("至少需要:", solution.getAns(n),"只小白鼠")
```

4. 运行结果

总共有：4 瓶水
至少需要：2 只小白鼠

▶ 例267　社交网络

1. 问题描述

每个人都有自己的网上好友。现在有 n 个人,给出 m 对好友关系,问任意一个人是否能直接或者间接联系到网上所有的人。若能,返回 YES; 若不能,返回 NO。好友关系用 a 数组和 b 数组表示,代表 a[i] 和 b[i] 是一对好友。

2. 问题示例

给定 $n = 4$,a $= [1,1,1]$,b $= [2,3,4]$,返回值为 YES,因为 1 和 2、3、4 能直接联系,而且 2、3、4 和 1 能直接联系,这 3 个人能通过 1 间接联系。给出 $n = 5$,a $= [1,2,4]$,b $= [2,3,5]$,返回 NO,因为 1、2、3 能相互联系,而且 4、5 能相互联系,但这两组人不能联系,1 无法联系 4 或者 5。

3. 代码实现

```
#参数 n: 网络人数
#参数 a 与 b: 关系两方
#返回值: 字符串,根据所有人能否联系返回"YES"或"NO"
class Solution:
    father = [0] * 5000
    def ask(self, x):
        if Solution.father[x] == x:
            return x
        Solution.father[x] = Solution.ask(self, Solution.father[x])
        return Solution.father[x]
    def socialNetwork(self, n, a, b):
```

```
        for i in range(0, n):
            Solution.father[i] = i
        m = len(b)
        for i in range(m):
            x = Solution.ask(self, a[i])
            y = Solution.ask(self, b[i])
            Solution.father[x] = y
        for i in range(0, n):
            if Solution.ask(self, i) != Solution.ask(self, 1):
                return "NO"
        return "YES"
if __name__ == '__main__':
    n = 4
    a = [1, 1, 1]
    b = [2, 3, 4]
    solution = Solution()
    print("好友关系组:",a,b)
    print("他们能否直接或间接互相联系:", solution.socialNetwork(n, a, b))
```

4. 运行结果

```
好友关系组: [1, 1, 1] [2, 3, 4]
他们能否直接或间接互相联系: YES
```

▶ 例 268　前 k 高的基点

1. 问题描述

给定一个列表,列表中的每个元素代表一位学生的学号 StudentId 和成绩 GPA,返回 GPA 排名前 K 的学生的 StudentId 和 GPA,按照原始数据的顺序输出。

2. 问题示例

给定学生 ID 与成绩的列表为[["001","4.53"],["002","4.87"],["003","4.99"]], K 值为 2,返回值为[["002","4.87"],["003","4.99"]]。

3. 代码实现

```
#参数 list: 学生 ID 与成绩的列表
#返回值: 列表,为 GPA 前 K 名的学生的原序列表
from heapq import heappush, heappop
class Solution:
    def topKgpa(self, list, k):
        if len(list) == 0 or k < 0:
            return []
        minheap = []
        ID_set = set([])
        result = []
```

```
        for ID, GPA in list:
            ID_set.add(ID)
            heappush(minheap, (float(GPA), ID))
            if len(ID_set) > k:
                _, old_ID = heappop(minheap)
                ID_set.remove(old_ID)
        for ID, GPA in list:
            if ID in ID_set:
                result.append([ID, GPA])
        return result
if __name__ == '__main__':
    List = [["001","4.53"],["002","4.87"],["003","4.99"]]
    k = 2
    solution = Solution()
    print("学生按 ID 排序:",List,",K 为:",k)
    print("前 K 高 GPA 的学生:", solution.topKgpa(List, k))
```

4. 运行结果

学生按 ID 排序: [['001', '4.53'], ['002', '4.87'], ['003', '4.99']],K 为: 2
前 K 高 GPA 的学生: [['002', '4.87'], ['003', '4.99']]

▶例 269　寻找最长 01 子串

1. 问题描述

现在有 1 个 01 字符串 str,寻找到最长的 01 连续子串(即 0 和 1 交替出现,如 0101010101)。可以对字符串进行一些操作,使得 01 连续子串尽可能长。操作是指选择一个位置,将字符串断开,变成两个字符串,然后每个字符串翻转,最后按照原来的顺序拼接在一起。可以进行 0 次或多次上述操作,返回最终能够获得的最大 01 连续子串的长度。

2. 问题示例

给出 str="100010010",返回为 5,因为可以进行如下分割 10|0010010,两边翻转后,变成了 01|0100100,即 010100100,选择位置 1~5(01010),长度为 5。给出 str="1001",返回 2,因为不管如何分割翻转,都不会使得答案变大,所以 10 即为最大连续子串。

3. 代码实现

```
# 参数 str: 原始 01 串
# 返回值: 整数,为最大长度
class Solution:
    def askingForTheLongest01Substring(self, str):
        str += str
        ans = 1
        cnt = 1
        for i in range(1, len(str)):
            if str[i] != str[i - 1]:
```

```
                    cnt += 1
                else:
                    cnt = 1
                if ans < cnt and 2 * cnt <= len(str):
                    ans = cnt
        return ans
if __name__ == '__main__':
    str = "1001"
    solution = Solution()
    print(" 二进制串", str)
    print(" 最长 01 子串有:", solution.askingForTheLongest01Substring(str))
```

4. 运行结果

二进制串: 1001
最长 01 子串有: 2

▶ 例 270   合法字符串

1. 问题描述

给定一个只包含大写字母的字符串 S,在 S 中插入尽量少的字符"_",使同一种字母间隔至少为 k。如果有多种插入方式,则选择目标字符串字典序最小的方式。

2. 问题示例

S = "AABACCDCD",k = 3,则目标字符串为"A__AB_AC__CD_CD"。由于目标字符串长度可能很长,返回原串每个位置前插入"_"的个数即可,例如前面的例子返回[0,2,0,1,0,2,0,1,0]。给定 S = "ABBA",k = 2,返回[0,0,1,0],修改字符串为"AB_BA"。

3. 代码实现

```
# 参数 S: 原始字符串
# 参数 k: 相同字符至少间隔多少字符
# 返回值: 列表,表示每个位置插入的字符个数
class Solution:
    def getAns(self, k, S):
        n = len(S)
        pre = [-1] * 26 # 当前位置之前最靠右的相同字母位置,只有大写
        sm = [0] * (n + 1) # 当前位置之前的"_"总数
        ans = []
        for i in range(1, n + 1):
            c = ord(S[i - 1]) - ord('A')
            if pre[c] == -1 or sm[i - 1] - sm[pre[c]] - pre[c] + i >= k:
                sm[i] = sm[i - 1]
                ans.append(0)
            else:
                sm[i] = sm[i - 1] + k - (sm[i - 1] - sm[pre[c]] + i - pre[c])
```

```
                    ans.append(k - (sm[i - 1] - sm[pre[c]] + i - pre[c]))
                pre[c] = i
            return ans
if __name__ == '__main__':
    S = "AABACCDCD"
    k = 3
    solution = Solution()
    print(" 字符串", S, ",每个相同字符间至少间隔",k ,"个字符")
    print(" _字符的列表:", solution.getAns(k,S))
```

4. 运行结果

字符串: AABACCDCD,每个相同字符间至少间隔 3 个字符
_字符的列表: [0, 2, 0, 1, 0, 2, 0, 1, 0]

▶例 271　叶节点的和

1. 问题描述

给出一棵二叉树,求出所有叶节点的和。

2. 问题示例

给定二叉树如下,输出为 12。

3. 代码实现

```
# 参数 root: 树根
# 返回值: 整数,为叶节点值的和
class TreeNode:
    def __init__(self, val):
        self.val = val
        self.left, self.right = None, None
class Solution: # 莫里斯中序遍历
    def sumLeafNode(self, root):
        res = 0
        p = root
        while p:
            if p.left is None:
                if p.right is None:   # p 是一个叶节点
                    res += p.val
                p = p.right
            else:
                tmp = p.left
                while tmp.right is not None and tmp.right != p:
```

```
                        tmp = tmp.right
                    if tmp.right is None:
                        if tmp.left is None:   # tmp 是一个叶子节点
                            res += tmp.val
                        tmp.right = p
                        p = p.left
                    else: # 因为 tmp.right 为前序,所以停止
                        tmp.right = None
                        p = p.right
        return res
if __name__ == '__main__':
    n1 = TreeNode(1)
    n1.left = TreeNode(2)
    n1.right = TreeNode(3)
    n1.left.left = TreeNode(4)
    n1.left.right = TreeNode(5)
    solution = Solution()
    print(" 结果:", solution.sumLeafNode(n1))
```

4. 运行结果

结果: 12

▶ 例 272　转换字符串

1. 问题描述

给出 startString 和 endString 字符串,判断是否可以通过一系列转换将 startString 转变成 endString。规则是只有 26 个小写字母,每个操作只能更改一种字母。例如,如果将 a 更改为 b,则起始字符串中的所有 a 必须更改为 b。对于每一类型的字符,可以选择转换或不转换。转换必须在 startString 中的一个字符和 endString 相对应的一个字符之间进行。结果返回 True 或 False。

2. 问题示例

给定 startString = "abc",endString = "cde",可以有"abc"->"abe"->"ade"->"cde",所以返回 True。给定 startString = "abc",endString = "bca",因为预想 a—> c,b—>d,a—>e 但是不可能同时把 a 转换成 c 和 e,所以返回 False。

3. 代码实现

```
# 参数 startString: 起始链
# 参数 endString: 目标链
# 返回值: 布尔值,如果可以转换则返回 True,否则返回 False
class Solution:
    def canTransfer(self, startString, endString):
        if not startString and not endString:
```

```
        return True
    # 长度不等
    if len(startString) != len(endString):
        return False
    # 字母种类起始链比终止链少
    if len(set(startString)) < len(set(endString)):
        return False
    maptable = {}
    for i in range(len(startString)):
        a, b = startString[i], endString[i]
        if a in maptable:
            if maptable[a] != b:
                return False
        else:
            maptable[a] = b
    def noloopinhash(maptable):          # 映射表带环
        keyset = set(maptable)
        while keyset:
            a = keyset.pop()
            loopset = {a}
            while a in maptable:
                if a in keyset:
                    keyset.remove(a)
                loopset.add(a)
                if a == maptable[a]:
                    break
                a = maptable[a]
                if a in loopset:
                    return False
        return True
    return noloopinhash(maptable)
if __name__ == '__main__':
    startString = "abc"
    endString = "bca"
    solution = Solution()
    print(" 起始链:", startString)
    print(" 终止链:", endString)
    print(" 能否转换:", solution.canTransfer(startString, endString))
```

4．运行结果

起始链：abc
终止链：bca
能否转换：False

▶例 273　最少按键次数

1. 问题描述

给定一个只包含大小写字母的英文单词,问最少需要按键几次才能将单词输入(可以按 caps lock 以及 shift 键,一开始默认输入小写字母)。

2. 问题示例

s ="Hadoop",最少按键次数是 7,因为 Shift＋h 需按键 2 次,其余 5 次。输入 str ＝ "HADOOp"最少按键次数是 8,因为 caps＋hadoo＋caps 需按键 7 次,其余 1 次。

3. 代码实现

```python
# 参数 s: 字符串
# 返回值: 整数,表示最小按键次数
class Solution:
    def getAns(self, s):
        left = -1
        ans = 0
        ncaps = True
        for right in range(0, len(s)):
            if ncaps:
                if ord(s[right]) < 95 and right - left <= 2:
                    ans += 2
                    if right - left == 2:
                        ncaps = False
                        ans -= 1
                        left = right
                else:
                    left = right
                    ans += 1
            else:
                if ord(s[right]) > 95 and right - left <= 2:
                    ans += 2
                    if right - left == 2:
                        ncaps = True
                        ans -= 1
                        left = right
                else:
                    left = right
                    ans += 1
        return ans
# 主函数
if __name__ == '__main__':
    str = "EWlweWXZXxcscSDSDcccsdcfdsFvccDCcDCcdDcGvTvEEdddEEddEdEdAs"
    solution = Solution()
```

```
print(" str:", str)
print(" 最小按键数:", solution.getAns(str))
```

4. 运行结果

str: EWlweWXZXxcscSDSDcccsdcfdsFvccDCcDCcdDcGvTvEEdddEEddEdEdAs
最小按键数：78

▶例 274 二分查找

1. 问题描述

给定一个升序排列的整数数组和一个要查找的整数 target。用 O(logn)的时间查找到 target 第 1 次出现的下标(从 0 开始)；如果 target 不存在于数组中,返回−1。

2. 问题示例

输入数组为[1，2，3，3，4，5，10]，目标整数为 3,输出 2,第 1 次出现在第 2 个位置。输入数组为[1，2，3，3，4，5，10]，目标整数为 6,输出−1,未出现过 6,所以返回−1。

3. 代码实现

```
class Solution:
    # 参数 nums: 整数数组
    # 参数 target: 整数
    # 返回整数
    def binarySearch(self, nums, target):
        left, right = 0, len(nums) - 1
        while left + 1 < right :
            mid = (left + right)// 2
            if nums[mid] < target :
                left = mid
            else :
                right = mid
        if nums[left] == target :
            return left
        elif nums[right] == target :
            return right
        return - 1;
# 主函数
if __name__ == '__main__':
    nums = [1,3,4,5,6,9]
    target = 6
    solution = Solution()
    answer = solution.binarySearch(nums,target)
    print("输入数组:",nums)
    print("输入目标:",target)
    print("输出下标:",answer)
```

4. 运行结果

```
输入数组：[1, 3, 4, 5, 6, 9]
输入目标：6
输出下标：4
```

▶ 例 275　全排列

1. 问题描述

给定一个数字列表，返回其所有可能的排列。

2. 样例

输入[1,2,3]，输出[[1,2,3], [1,3,2], [2,1,3], [2,3,1], [3,1,2], [3,2,1]]。

3. 代码实现

```python
class Solution:
    """
    参数 nums：整数列表
    返回排序列表
    """
    def permute(self, nums):
        if nums is None:
            return []
        if nums == []:
            return [[]]
        nums = sorted(nums)
        permutation = []
        stack = [-1]
        permutations = []
        while len(stack):
            index = stack.pop()
            index += 1
            while index < len(nums):
                if nums[index] not in permutation:
                    break
                index += 1
            else:
                if len(permutation):
                    permutation.pop()
                continue
            stack.append(index)
            stack.append(-1)
            permutation.append(nums[index])
            if len(permutation) == len(nums):
                permutations.append(list(permutation))
        return permutations
```

```
# 主函数
if __name__ == '__main__':
    solution = Solution()
    nums = [0,1,2]
    name = solution.permute(nums)
    print("输入:",nums)
    print("输出:",name)
```

4. 运行结果

输入: [0, 1, 2]
输出: [[0, 1, 2], [0, 2, 1], [1, 0, 2], [1, 2, 0], [2, 0, 1], [2, 1, 0]]

▶ 例 276   最小路径和

1. 问题描述

给定一个只含非负整数的 $m \times n$ 网格,找到一条从左上角到右下角的路径,使数字和最小,返回路径和。

2. 问题示例

输入 $[[1,3,1],[1,5,1],[4,2,1]]$,输出 7,因为路线为 $1 \to 3 \to 1 \to 1 \to 1$,和为 7。

3. 代码实现

```
class Solution:
    """
    参数 grid: 整数列表
    返回整数
    """
    def minPathSum(self, grid):
        for i in range(len(grid)):
            for j in range(len(grid[0])):
                if i == 0 and j > 0:
                    grid[i][j] += grid[i][j-1]
                elif j == 0 and i > 0:
                    grid[i][j] += grid[i-1][j]
                elif i > 0 and j > 0:
                    grid[i][j] += min(grid[i-1][j], grid[i][j-1])
        return grid[len(grid) - 1][len(grid[0]) - 1]
# 主函数
if __name__ == '__main__':
    solution = Solution()
    nums = [[1,3,1],[1,5,1],[4,2,1]]
    answer = solution.minPathSum(nums)
    print("输入列表:",nums)
    print("输出路径和:",answer)
```

4. 运行结果

输入列表：[[1, 4, 5], [2, 7, 6], [6, 8, 7]]
输出路径和：7

▶ 例 277 最长路径序列

1. 问题描述

给定一个未排序的整数数组，找出其中最长连续序列的长度。

2. 问题示例

给出数组[100，4，200，1，3，2]，其中最长的连续序列是[1，2，3，4]，返回其长度 4。

3. 代码实现

```python
class Solution:
    """
    参数 num: 整数列表
    返回整数
    """
    def longestConsecutive(self, num):
        dict = {}
        for x in num:
            dict[x] = 1
        ans = 0
        for x in num:
            if x in dict:
                len = 1
                del dict[x]
                l = x - 1
                r = x + 1
                while l in dict:
                    del dict[l]
                    l -= 1
                    len += 1
                while r in dict:
                    del dict[r]
                    r += 1
                    len += 1
                if ans < len:
                    ans = len
        return ans
# 主函数
if __name__ == '__main__':
    solution = Solution()
    nums = [100,4,200,1,3,2]
    answer = solution.longestConsecutive(nums)
```

```
print("输入列表:",nums)
print("输出长度:",answer)
```

4. 运行结果

```
输入列表: [100, 4, 200, 1, 3, 2]
输出长度: 4
```

▶ 例 278 背包问题 2

1. 问题描述

给出 n 个物品的体积 $A[i]$ 和其价值 $V[i]$,将它们装入一个大小为 m 的背包,求能装入的最大总价值。

2. 问题示例

对于物品体积 $[2,3,5,7]$ 和对应的价值 $[1,5,2,4]$,背包大小为 10,最大能够装入的价值为 9,也就是装入体积为 3 和 7 的物品,价值为 $5+4=9$。

3. 代码实现

```
class Solution:
    # 参数 m: 整数
    # 参数 A 和 V: 整数列表
    def backPackII(self, m, A, V):
        n = len(A)
        dp = [[0] * (m + 1), [0] * (m + 1)]
        for i in range(1, n + 1):
            dp[i % 2][0] = 0
            for j in range(1, m + 1):
                dp[i % 2][j] = dp[(i - 1) % 2][j]
                if A[i - 1] <= j:
                    dp[i % 2][j] = max(dp[i % 2][j], dp[(i - 1) % 2][j - A[i - 1]] +
V[i - 1])
        return dp[n % 2][m]
# 主函数
if __name__ == '__main__':
    solution = Solution()
    vol = 34
    nums = [4,13,2,6,7,11,8]
    val = [1,23,4,5,2,14,9]
    answer = solution.backPackII(vol,nums,val)
    print("输入总体积:",vol)
    print("输入物品:",nums)
    print("输入价值:",val)
    print("输出结果:",answer)
```

4．运行结果

```
输入总体积: 34
输入物品: [4, 13, 2, 6, 7, 11, 8]
输入价值: [1, 23, 4, 5, 2, 14, 9]
输出结果: 50
```

▶例 279　哈希函数

1．问题描述

在数据结构中，哈希函数可用于将一个字符串（或任何其他类型）转化为小于哈希表大小且大于等于零的整数。一个好的哈希函数可以尽可能少地产生冲突。一种广泛使用的哈希函数算法是使用数值 33，假设任何字符串都是基于 33 的整数，给出一个字符串作为 key 和哈希表的大小，返回这个字符串的哈希值。

2．问题示例

key ="abcd"，按照如下公式求哈希值，HASH_SIZE 表示哈希表的大小。

$$\begin{aligned} \text{hashcode("abcd")} &= (\text{ascii}(a) * 333 + \text{ascii}(b) * 332 + \text{ascii}(c) * 33 + \\ &\quad \text{ascii}(d)) \% \text{HASH\_SIZE} \\ &= (97 * 33^3 + 98 * 33^2 + 99 * 33 + 100) \% \text{HASH\_SIZE} \\ &= 3595978 \% \text{HASH\_SIZE} \end{aligned}$$

输入 key = "abcd"，size = 10000，输出 978，$(97 * 33^3 + 98 * 33^2 + 99 * 33 + 100 * 1) \% 10000 = 978$。输入 key = "abcd"，size = 100，输出 78，$33^3 + 98 * 33^2 + 99 * 33 + 100 * 1) \% 100 = 78$。

3．代码实现

```python
class Solution:
    """
    参数 key: 字符串
    参数 HASH_SIZE: 整数
    返回整数
    """
    def hashCode(self, key, HASH_SIZE):
        ans = 0
        for x in key:
            ans = (ans * 33 + ord(x)) % HASH_SIZE
        return ans
# 主函数
if __name__ == '__main__':
    num = 100
    key = "abcd"
    answer = solution. hashCode(key, num)
    print("输入 key:", key)
```

```
print("输入 num:",num)
print("输出值:",answer)
```

4. 运行结果

```
输入 key: abcd
输入 num: 100
输出值: 78
```

▷ 例 280 第 1 个只出现 1 次的字符

1. 问题描述

给出一个字符串,找出第 1 个只出现 1 次的字符。

2. 问题示例

输入"abaccdeff",输出 b,b 是第 1 个出现 1 次的字符。

3. 代码实现

```
class Solution:
    """
    参数 str: 字符串
    返回字符
    """
    def firstUniqChar(self, str):
        counter = {}
        for c in str:
            counter[c] = counter.get(c, 0) + 1
        for c in str:
            if counter[c] == 1:
                return c
# 主函数
if __name__ == '__main__':
    solution = Solution()
    s = "abaccdeff"
    ans = solution.firstUniqChar(s)
    solution = Solution()
    s = "abaccdeff"
    ans = solution.firstUniqChar(s)
    print("输入:", s)
    print("输出:", ans)
```

4. 运行结果

```
输入: abaccdeff
输出: b
```

▶ 例 281 空格替换

1. 问题描述

设计一种方法,将一个字符串中的所有空格替换成％20(假设该字符串有足够的空间加入新的字符)。返回被替换后的字符串的长度。

2. 问题示例

输入 string[] = "Mr John Smith" and length = 13。

输出 string[] = "Mr％20John％20Smith" and return 17。

对于字符串"Mr John Smith",长度为 13。替换空格之后,参数中的字符串需要变为"Mr％20John％20Smith",并把新长度 17 作为结果返回。

3. 代码实现

```
class Solution:
    # 参数 string: 字符数组
    # 参数 length: 字符串的真实长度
    # 返回新字符串的真实长度
    def replaceBlank(self, string, length):
        if string is None:
            return length
        f = 0
        L = len(string)
        for i in range(len(string)):
            if string[i] == ' ':
                string[i] = '%20'
                f += 1
        return L - f + f * 3
# 主函数
if __name__ == '__main__':
    solution = Solution()
    si = "Mr John Smith"
    s1 = list(si)
    ans = solution.replaceBlank(s1, 13)
    so = ''.join(s1)
    print("输入字符串:", si)
    print("输出字符串:", so)
    print("输出其长度:", ans)
```

4. 运行结果

```
输入字符串: Mr John Smith
输出字符串: Mr％20John％20Smith
输出其长度: 17
```

▶例 282 字符串压缩

1. 问题描述

设计一种方法,通过给重复字符计数来进行基本的字符串压缩。字符串"aabccccccaaa"可压缩为"a2b1c5a3"。如果压缩后的字符数不小于原始的字符数,则返回原始的字符串。假设字符串仅包括 a~z 的字母。

2. 问题示例

输入 str = "aabccccccaaa",输出"a2b1c5a3"。输入 str = "aabbcc",输出"aabbcc"。

3. 代码实现

```python
class Solution:
    """
    参数 originalString: 字符串
    返回压缩字符串
    """
    def compress(self, originalString):
        l = len(originalString)
        if l <= 2 :
            return originalString
        length = 1
        res = ""
        for i in range(1,l):
            if originalString[i] != originalString[i-1]:
                res = res + originalString[i-1] + str(length)
                length = 1
            else:
                length += 1
        if originalString[-1] != originalString[-2]:
            res = res + originalString[-1] + "1"
        else:
            res = res + originalString[i-1] + str(length)
        if len(originalString)<= len(res):
            return originalString
        else:
            return res
# 主函数
if __name__ == '__main__':
    solution = Solution()
    si = "aabccccccaaa"
    arr = list(si)
    ans = solution.compress(arr)
    print("输入:", si)
    print("输出:", ans)
```

4. 运行结果

```
输入：aabccccccaaa
输出：a2b1c5a3
```

▶ 例 283   数组的最大值

1. 问题描述

给定一个浮点数数组，求数组中的最大值。

2. 问题示例

输入[1.0，2.1，−3.3]，输出 2.1，即返回最大的数字。

3. 代码实现

```python
class Solution:
    def max_num(self, arr):
        if arr == []:
            return
        maxnum = arr[0]
        for x in arr:
            if x > maxnum:
                maxnum = x
        return maxnum
# 主函数
if __name__ == '__main__':
    solution = Solution()
    arr = [1.0, 2.1, -3.3]
    ans = solution.max_num(arr)
    print("输入:", arr)
    print("输出:", ans)
```

4. 运行结果

```
输入：[1.0, 2.1, -3.3]
输出：2.1
```

▶ 例 284   无序链表的重复项删除

1. 问题描述

设计一种方法，从无序链表中删除重复项。

2. 问题示例

输入 1−>2−>1−>3−>3−>5−>6−>3−> null，输出 1−>2−>3−>5−>6−> null。

3. 代码实现

```python
class ListNode(object):
```

```
        def __init__(self, val):
            self.val = val
            self.next = None
class Solution:
    """
    参数 head: 链表的第 1 个节点
    返回头节点
    """
    def removeDuplicates(self, head):
        seen, root, pre = set(), head, ListNode(-1)
        while head:
            if head.val not in seen:
                pre.next = head
                seen.add(head.val)
                pre = head
            head = head.next
        pre.next = None
        return root
# 主函数
if __name__ == '__main__':
    solution = Solution()
    l0 = ListNode(1)
    l1 = ListNode(2)
    l2 = ListNode(2)
    l3 = ListNode(2)
    l0.next = l1
    l1.next = l2
    l2.next = l3
    root = solution.removeDuplicates(l0)
    a = [root.val, root.next.val]
    if a == [1, 2]:
        print("输入: 1->2->2->2->null")
        print("输出: 1->2->null")
    else:
        print("Error")
```

4. 运行结果

输入: 1->2->2->2->null
输出: 1->2->null

▶ 例285   在 O(1)时间复杂度删除链表节点

1. 问题描述

给定一个单链表中的一个等待被删除的节点(非表头或表尾)。请在 O(1)时间复杂度删除该链表节点。

2. 问题示例

输入 1−> 2−> 3−> 4−> null,删除节点 3,输出 1−> 2−> 4−> null。

3. 代码实现

```python
# 参数 node: 要删除的节点
# 无返回值,操作完毕
class ListNode(object):
    def __init__(self, val, next = None):
        self.val = val
        self.next = next
class Solution:
    def deleteNode(self, node):
        if node.next is None:
            node = None
            return
        node.val = node.next.val
        node.next = node.next.next
# 主函数
if __name__ == '__main__':
    node1 = ListNode(1)
    node2 = ListNode(2)
    node3 = ListNode(3)
    node4 = ListNode(4)
    node1.next = ListNode(2)
    node2.next = ListNode(3)
    node3.next = ListNode(4)
    solution = Solution()
    print("输入 :",node1.val,node2.val,node3.val,node4.val)
    solution.deleteNode(node3)
    print("删除节点 3")
    print("输出 :",node1.val,node2.val,node3.val)
```

4. 运行结果

```
输入: 1 2 3 4
删除节点: 3
输出: 1 2 4
```

▶ 例 286 将数组重新排序以构造最小值

1. 问题描述

给定一个整数数组,请将其重新排序,按照排序后的顺序构造最小的数。

2. 问题示例

输入[3, 32, 321],输出[321, 32, 3]。通过将数组重新排序,可构造 6 个可能性数字:

$$3+32+321=332,321$$
$$3+321+32=332,132$$
$$32+3+321=323,321$$
$$32+321+3=323,213$$
$$321+3+32=321,332$$
$$321+32+3=321,323$$

其中最小值为321,323,所以,数组重新排序后变为[321,32,3]。

3. 代码实现

```python
from functools import cmp_to_key
class Solution:
    def cmp(self,a,b):
        if a + b > b + a:
            return 1
        if a + b < b + a:
            return -1
        else:
            return 0
    def PrintMinNumber(self,numbers):
        if not numbers:
            return ""
        number = list(map(str,numbers))
        number.sort(key = cmp_to_key(self.cmp))
        return "".join(number).lstrip('0') or '0'
# 主函数
if __name__ == '__main__':
    generation = [3,32,321]
    solution = Solution()
    print("输入 :",generation)
    print("输出 :",solution.PrintMinNumber(generation))
```

4. 运行结果

```
输入: [3, 32, 321]
输出: 321323
```

▶ 例287 两个链表的交叉

1. 问题描述

请写一个程序,找到两个单链表最初的交叉节点并返回该节点。如果两个链表没有交叉,则返回 null。

2. 问题示例

输入 AB 两个链表如下:

A： a1→a2
　　　　　↘
　　　　　　c1→c2→c3
　　　　　↗
B： 　　b1→b2→b3

输出 c1，即在节点 c1 开始交叉。

3. 代码实现

```python
# 参数 list_a: 一个链表
# 参数 list_b: 另一个链表
# 无返回值，直接打印出结果
class ListNode:
    def __init__(self, val = None, next = None):
        self.value = val
        self.next = next
class Solution:
    def get_list_length(self, head):
        """获取链表长度"""
        length = 0
        while head:
            length += 1
            head = head.next
        return length
    def get_intersect_node(self, list_a, list_b):
        length_a = self.get_list_length(list_a)
        length_b = self.get_list_length(list_b)
        cur1, cur2 = list_a, list_b
        if length_a > length_b:
            for i in range(length_a - length_b):
                cur1 = cur1.next
        else:
            for i in range(length_b - length_a):
                cur2 = cur2.next
        flag = False
        while cur1 and cur2:
            if cur1.value == cur2.value:
                print(cur1.value)
                flag = True
                break
            else:
                cur1 = cur1.next
                cur2 = cur2.next
        if not flag:
            print('链表没有交叉结点')
# 主函数
if __name__ == '__main__':
    solution = Solution()
```

```
list_a = ListNode('a1', ListNode('a2', ListNode('c1', ListNode('c2', ListNode('c3')))))
list_b = ListNode('b1', ListNode('b2', ListNode('b3', ListNode('c1', ListNode('c2',
ListNode('c3'))))))
print("输入:")
print("a = a1 a2 c1 c2 c3")
print("b = b1 b2 b3 c1 c2 c3")
print("输出:")
solution.get_intersect_node(list_a,list_b)
```

4. 运行结果

```
输入:
a = a1 a2 c1 c2 c3
b = b1 b2 b3 c1 c2 c3
输出: c1
```

▶ 例288 螺旋矩阵

1. 问题描述

给定一个数 n,生成一个包含 $1 \sim n^2$ 的顺时针螺旋形矩阵。

2. 问题示例

输入 2,输出顺时针螺旋矩阵如下:

```
[
[1,2],
[4,3]
]
```

输入 3,输出顺时针螺旋矩阵如下:

```
[
[1,2,3],
[8,9,4],
[7,6,5]
]
```

3. 代码实现

```
#参数 n: 1,2,…,n 任意一个整型数
#返回值: 矩阵
class Solution:
    def generateMatrix(self, n):
        if n == 0: return []
        matrix = [[0 for i in range(n)] for j in range(n)]
        up = 0; down = len(matrix) - 1
        left = 0; right = len(matrix[0]) - 1
```

```
            direct = 0; count = 0
            while True:
                if direct == 0:
                    for i in range(left, right + 1):
                        count += 1; matrix[up][i] = count
                    up += 1
                if direct == 1:
                    for i in range(up, down + 1):
                        count += 1; matrix[i][right] = count
                    right -= 1
                if direct == 2:
                    for i in range(right, left - 1, - 1):
                        count += 1; matrix[down][i] = count
                    down -= 1
                if direct == 3:
                    for i in range(down, up - 1, - 1):
                        count += 1; matrix[i][left] = count
                    left += 1
                if count == n * n: return matrix
                direct = (direct + 1) % 4
# 主函数
if __name__ == '__main__':
    n = 3
    solution = Solution()
    print("输入: n = ", n)
    print("输出:", solution.generateMatrix(n))
```

4. 运行结果

```
输入: n = 3
输出: [[1, 2, 3], [8, 9, 4], [7, 6, 5]]
```

▶例 289　三角形计数

1. 问题描述

给定一个整数数组,在该数组中寻找 3 个数,分别代表三角形 3 条边的长度。可以寻找到多少组这样的 3 个数来组成三角形?

2. 问题示例

输入[3，4，6，7],输出 3,它们是(3，4，6)、(3，6，7)、(4，6，7)。

3. 代码实现

```
# 参数 S: 正整数数组
# 返回值 count: 计数结果
class Solution:
    def triangleCount(self, S):
```

```
        if len(S)< 3:
            return;
        count = 0;
        S.sort();#从小到大排序
        for i in range(0,len(S)):
            for j in range(i + 1,len(S)):
                w,r = i + 1,j
                target = S[j] - S[i]
                while w < r:
                    mid = (w + r)//2   #取整数
                    S_mid = S[mid]
                    if S_mid > target:
                        r = mid
                    else:
                        w = mid + 1
                count += (j - w)
        return count
#主函数
if __name__ == '__main__':
    generation = [3,4,6,7]
    solution = Solution()
    print("输入:", generation)
    print("输出:",solution.triangleCount(generation))
```

4. 运行结果

输入: [3, 4, 6, 7]
输出: 3

▶ 例290　买卖股票的最佳时机

1. 问题描述

给定数组 prices,其中第 i 个元素代表某只股票在第 i 天的价格,最多可以完成 k 笔交易,问最大的利润是多少?

2. 问题示例

输入 $k = 2$,prices $= [4,4,6,1,1,4,2,5]$,输出 6。以 4 买入,以 6 卖出;再以 1 买入,以 5 卖出,利润为 $2 + 4 = 6$。

3. 代码实现

```
class Solution:
    """
    参数 k: 整数
    参数 prices: 整数数组
    返回整数
```

```
    """
    def maxProfit(self, k, prices):
        size = len(prices)
        if k >= size / 2:
            return self.quickSolve(size, prices)
        dp = [-10000] * (2 * k + 1)
        dp[0] = 0
        for i in range(size):
            for j in range(min(2 * k, i + 1), 0, -1):
                dp[j] = max(dp[j], dp[j - 1] + prices[i] * [1, -1][j % 2])
        return max(dp)
    def quickSolve(self, size, prices):
        sum = 0
        for x in range(size - 1):
            if prices[x + 1] > prices[x]:
                sum += prices[x + 1] - prices[x]
        return sum
# 主函数
if __name__ == "__main__":
        solution = Solution()
        price = [4,4,6,1,1,4,2,5]
        k = 2
        maxprofit = solution.maxProfit(k, price)
        print("输入价格:", price)
        print("交易次数:", k)
        print("最大利润:", maxprofit)
```

4. 运行结果

```
输入价格: [4, 4, 6, 1, 1, 4, 2, 5]
交易次数: 2
最大利润: 6
```

▶ 例 291 加 1

1. 问题

给定一个非负数数组,表示一个整数,在该整数的基础上加 1,返回一个新的数组。数字按照数位高低进行排列,最高位的数在列表最前面。

2. 问题示例

输入 $[1,2,3]$,输出 $[1,2,4]$,即 $123+1=124$,以数组输出。输入 $[9,9,9]$,输出 $[1,0,0,0]$,即 $999+1=1000$,以数组输出。

3. 代码实现

```
class Solution:
```

```
# 参数 digits: 整数数组
# 返回整数数组
def plusOne(self, digits):
    digits = list(reversed(digits))
    digits[0] += 1
    i, carry = 0, 0
    while i < len(digits):
        next_carry = (digits[i] + carry) // 10
        digits[i] = (digits[i] + carry) % 10
        i, carry = i + 1, next_carry
    if carry > 0:
        digits.append(carry)
    return list(reversed(digits))
# 主函数
if __name__ == "__main__":
    solution = Solution()
    num = [9,9,9]
    answer = solution.plusOne(num)
    print("输入:",num)
    print("输出:",answer)
```

4. 运行结果

输入: [9, 9, 9]
输出: [1, 0, 0, 0]

▶例 292 炸弹袭击

1. 问题描述

给定一个二维矩阵,每一个格子可能是一堵墙 W、一个敌人 E 或者空 0(数字 0)。返回用一个炸弹可杀死的最多敌人数。炸弹会杀死所有在同一行和同一列没有墙阻隔的敌人。墙不会被摧毁,只能在空地放置炸弹。

2. 问题示例

输入:

```
grid = [
    "0E00",
    "E0WE",
    "0E00"
]
```

输出 3,把炸弹放在 (1,1) 能杀 3 个敌人。

3. 代码实现

参数 grid: 表示二维网格的数组,由 W、E、0 组成

```python
#返回值result: 放置一个炸弹后可消灭敌人的最大数量
class Solution:
    def maxKilledEnemies(self, grid):
        m, n = len(grid), 0
        if m:
            n = len(grid[0])
        result, rows = 0, 0
        cols = [0 for i in range(n)]
        for i in range(m):
            for j in range(n):
                if j == 0 or grid[i][j-1] == 'W':
                    rows = 0
                    for k in range(j, n):
                        if grid[i][k] == 'W':
                            break
                        if grid[i][k] == 'E':
                            rows += 1
                if i == 0 or grid[i-1][j] == 'W':
                    cols[j] = 0
                    for k in range(i, m):
                        if grid[k][j] == 'W':
                            break
                        if grid[k][j] == 'E':
                            cols[j] += 1
                if grid[i][j] == '0' and rows + cols[j] > result:
                    result = rows + cols[j]
        return result
#主函数
if __name__ == '__main__':
    generation = [
                "0E00",
                "E0WE",
                "0E00"
                ]
    solution = Solution()
    print("输入:", generation)
    print("输出:", solution.maxKilledEnemies(generation))
```

4. 运行结果

输入: ['0E00', 'E0WE', '0E00']
输出: 3

▶ 例293　组合总和

1. 问题描述

给出一个都是正整数的数组 nums, 其中没有重复的数, 找出所有和为 target 的组合个数。

2．问题示例

输入 nums = [1，2，4]，target = 4，输出 6，可能的组合方式有：

[1，1，1，1]

[1，1，2]

[1，2，1]

[2，1，1]

[2，2]

[4]

3．代码实现

```
＃参数 nums：不重复的正整型数组
＃参数 target：整数
＃返回值：整数，表示组合方式的个数
class Solution：
    def backPackVI(self, nums, target)：
        row = len(nums)
        col = target
        dp = [0 for i in range(col + 1)]
        dp[0] = 1
        for j in range(1, col + 1)：
            for i in range(1, row + 1)：
                if nums[i - 1] > j：
                    continue
                dp[j] += dp[j - nums[i - 1]]
        return dp[-1]
＃主函数
if __name__ == '__main__'：
    generation = [1,2,4]
    target = 4
    solution = Solution()
    print("输入：", generation)
    print("输出：", solution.backPackVI(generation,target))
```

4．运行结果

输入：[1, 2, 4]

输出：6

▶例 294　向循环有序链表插入节点

1．问题描述

给定有序的循环链表，写一个函数将一个值插入循环链表中，使循环链表保持有序。给出链表的任意起始节点，返回插入后的新链表。

2. 问题示例

输入 3—>5—>1,需要插入 4,输出 3—>4—>5—>1。

3. 代码实现

```python
#参数 node: 要插入的链表节点序列
#参数 x: 整数,表示插入的新的节点
#返回值 new_node: 插入新节点后的链表序列
class ListNode:
    def __init__(self, val = None, next = None):
        self.val = val
        self.next = next
class Solution:
    def insert(self, node, x):
        new_node = ListNode(x)
        if node is None:
            node = new_node
            node.next = node
            return node
        #定义当前节点和前一节点
        cur, pre = node, None
        while cur:
            pre = cur
            cur = cur.next
            #   pre.val <= x <= cur.val
            if x <= cur.val and x >= pre.val:
                break
            #链表循环处特殊判断(最大值->最小值),如果 x 小于最小值或 x 大于最大值,在此插入
            if pre.val > cur.val and (x < cur.val or x > pre.val):
                break
            #循环了一遍
            if cur is node:
                break
        #插入该节点
        new_node.next = cur
        pre.next = new_node
        return new_node
#主函数
if __name__ == '__main__':
    k = 4
    generation = ListNode(3, ListNode(5, ListNode(1)))
    solution = Solution()
    solution.insert(generation, k)
    print("输入: {3,5,1}")
    print("输出:", generation.val, generation.next.val, generation.next.next.val,
generation.next.next.next.val)
```

4. 运行结果

输入: {3,5,1}
输出: 3 4 5 1

▶例295 大岛的数量

1. 问题描述

给出布尔型的二维数组,0 表示海,1 表示岛。如果两个 1 相邻,则认为是同一个岛。只考虑上下左右相邻,找到大小在 k 及 k 以上岛屿的数量。

2. 问题示例

输入二维数组如下, $k = 3$,输出 2

```
[
  [1, 1, 0, 0, 0],
  [0, 1, 0, 0, 1],
  [0, 0, 0, 1, 1],
  [0, 0, 0, 0, 0],
  [0, 0, 0, 0, 1]
]
```

一共有 2 个大小为 3 的岛。

3. 代码实现

```
class Solution:
    """
    参数 grid: 二维布尔型数组
    参数 k: 整数
    返回岛的数量
    """
    def numsofIsland(self, grid, k):
        if not grid or len(grid) == 0 or len(grid[0]) == 0: return 0
        rows, cols = len(grid), len(grid[0])
        visited = [[False for i in range(cols)] for i in range(rows)]
        res = 0
        for i in range(rows):
            for j in range(cols):
                if visited[i][j] == False and grid[i][j] == 1:
                    check = self.bfs(grid, visited, i,j,k)
                    if check: res += 1
        return res
    def bfs(self, grid, visited, x, y, k):
        rows, cols = len(grid), len(grid[0])
        import collections
        queue = collections.deque([(x, y)])
```

```
                visited[x][y] = True
                res = 0
                while queue:
                    item = queue.popleft()
                    res += 1
                    for idx, idy in ((1,0),(-1,0),(0,1),(0,-1)):
                        x_new, y_new = item[0] + idx, item[1] + idy
                        if x_new < 0 or x_new >= rows or y_new < 0 or y_new >= cols or
visited[x_new][y_new] or grid[x_new][y_new] == 0: continue
                        queue.append((x_new, y_new))
                        visited[x_new][y_new] = True
            return res >= k
# 主函数
if __name__ == '__main__':
    solution = Solution()
    g = [[1,1,0,0,0],[0,1,0,0,1],[0,0,0,1,1],[0,0,0,0,0],[0,0,0,0,1]]
    k = 3
    ans = solution.numsofIsland(g, k)
    print("输入:", g, "\nk = ", k)
    print("输出:", ans)
```

4. 运行结果

```
输入: [[1, 1, 0, 0, 0], [0, 1, 0, 0, 1], [0, 0, 0, 1, 1], [0, 0, 0, 0, 0], [0, 0, 0, 0, 1]]
k = 3
输出: 2
```

▶例 296 最短回文串

1. 问题描述

给一个字符串 S, 可以通过在前面添加字符转换为回文串, 返回用这种方式转换的最短回文串。

2. 问题示例

输入 "aacecaaa", 输出 "aaacecaaa", 即在输入字符串前面添加一个 a。

3. 代码实现

```
class Solution:
    """
    参数 str: 字符串
    返回字符串
    """
    def convertPalindrome(self, str):
        if not str or len(str) == 0:
            return ""
```

```
            n = len(str)
            for i in range(n - 1, -1, -1):
                substr = str[:i + 1]
                if self.isPalindrome(substr):
                    if i == n - 1:
                        return str
                    else:
                        return (str[i + 1:][::-1]) + str[:]
    def isPalindrome(self, str):
        left, right = 0, len(str) - 1
        while left < right:
            if str[left] != str[right]:
                return False
            left += 1
            right -= 1
        return True
# 主函数
if __name__ == '__main__':
    solution = Solution()
    s = "sdsdlkjsaoio"
    ans = solution.convertPalindrome(s)
    print("输入:", s)
    print("输出:", ans)
```

4. 运行结果

输入: sdsdlkjsaoio
输出: oioasjkldsdsdlkjsaoio

▶ 例297 不同的路径

1. 问题描述

给定整数矩阵,起点为左上角元素,终点为右下角元素。只能上下左右移动,给出有权值的地图,找到所有权值不同的路径之和。

2. 问题示例

输入为如下矩阵:

```
[
  [1,1,2],
  [1,2,3],
  [3,2,4]
]
```

输出21,有2条不同权重的路径[1,1,2,3,4] = 11,[1,1,2,2,4] = 10。

3. 代码实现

```
class Solution:
    """
    参数 grid: 二维数组
    返回所有不同加权路径之和
    """

    def uniqueWeightedPaths(self, grid):
        n = len(grid)
        m = len(grid[0])
        if n == 0 or m == 0:
            return 0
        s = [[set() for _ in range(m)] for __ in range(n)]
        s[0][0].add(grid[0][0])
        for i in range(n):
            for j in range(m):
                if i == 0 and j == 0:
                    s[i][j].add(grid[i][j])
                else:
                    for val in s[i-1][j]:
                        s[i][j].add(val + grid[i][j])
                    for val in s[i][j-1]:
                        s[i][j].add(val + grid[i][j])
        ans = 0
        for val in s[-1][-1]:
            ans += val
        return ans
# 主函数
if __name__ == '__main__':
    solution = Solution()
    arr = [[1,1,2],[1,2,3],[3,2,4]]
    ans = solution.uniqueWeightedPaths(arr)
    print("输入:", arr)
    print("输出:", ans)
```

4. 运行结果

```
输入: [[1, 1, 2], [1, 2, 3], [3, 2, 4]]
输出: 21
```

▶ 例 298 分割字符串

1. 问题描述

给出字符串,选择在 1 个字符或 2 个相邻字符之后拆分字符串,使字符串仅由 1 个字符或 2 个字符组成,输出所有可能的结果。

2. 问题示例

输入"123",输出[["1","2","3"],["12","3"],["1","23"]]。输入"12345",输出 [["1","23","45"],["12","3","45"],["12","34","5"],["1","2","3","45"],["1", "2","34","5"],["1","23","4","5"],["12","3","4","5"],["1","2","3","4","5"]]。

3. 代码实现

```python
class Solution:
    """
    参数 s: 要拆分的字符串
    返回所有可能的拆分字符串数组
    """
    def splitString(self, s):
        result = []
        self.dfs(result, [], s)
        return result
    def dfs(self, result, path, s):
        if s == "":
            result.append(path[:])  # important: use path[:] to clone it
            return
        for i in range(2):
            if i + 1 <= len(s):
                path.append(s[:i + 1])
                self.dfs(result, path, s[i + 1:])
                path.pop()
# 主函数
if __name__ == '__main__':
    solution = Solution()
    s = "123"
    ans = solution.splitString(s)
    print("输入:", s)
    print("输出:", ans)
```

4. 运行结果

输入: 123
输出: [['1', '2', '3'], ['1', '23'], ['12', '3']]

▶ 例299 缺失的第1个素数

1. 问题描述

给出一个素数数组,找到最小的未出现的素数。

2. 问题示例

输入[3,5,7],输出 2。输入[2,3,5,7,11,13,17,23,29],输出 19。

3. 代码实现

```python
class Solution:
    """
    参数 nums: 数组
    返回整数
    """
    def firstMissingPrime(self, nums):
        if not nums:
            return 2
        start = 0
        l = len(nums)
        integer = 2
        while start < l:
            while self.isPrime(integer) == False:
                integer += 1
            if nums[start] != integer:
                return integer
            integer += 1
            start += 1
        while self.isPrime(integer) == False:
            integer += 1
        return integer
    def isPrime(self, num):
        if num == 2 or num == 3:
            return True
        for i in range(2, int(num ** (0.5)) + 1):
            if num % i == 0:
                return False
        return True
if __name__ == '__main__':
    solution = Solution()
    n = [3,5,7]
    print("输入:",n)
    print("输出:",solution.firstMissingPrime(n))
```

4. 运行结果

```
输入: [3, 5, 7]
输出: 2
```

▶ 例 300   单词拆分

1. 问题描述

给出一个单词表和一条去掉所有空格的句子,根据给出的单词表添加空格,返回可以构成句子的数量。保证构成句子的单词都能在单词表中找到。

2. 问题示例

输入句子为"CatMat",给定单词表为["Cat"，"Mat"，"Ca"，"tM"，"at"，"C"，"Dog"，"og"，"Do"]，输出 3，可以有如下三种方式：

"CatMat" = "Cat" + "Mat"

"CatMat" = "Ca" + "tM" + "at"

"CatMat" = "C" + "at" + "Mat"

3. 代码实现

```python
class Solution:
    """
    参数 s: 字符串
    参数 dict: 单词列表
    返回整数数量
    """
    def wordBreak3(self, s, dict):
        if not s or not dict:
            return 0
        n, hash = len(s), set()
        lowerS = s.lower()
        for d in dict:
            hash.add(d.lower())
        f = [[0] * n for _ in range(n)]
        for i in range(n):
            for j in range(i, n):
                sub = lowerS[i:j + 1]
                if sub in hash:
                    f[i][j] = 1
        for i in range(n):
            for j in range(i, n):
                for k in range(i, j):
                    f[i][j] += f[i][k] * f[k + 1][j]
        return f[0][-1]
if __name__ == '__main__':
    solution = Solution()
    s = "CatMat"
    dict1 = ["Cat", "Mat", "Ca", "tM", "at", "C", "Dog", "og", "Do"]
    print("输入句子:", s)
    print("输入列表:", dict1)
    print("输出数量:", solution.wordBreak3(s, dict1))
```

4. 运行结果

输入句子: CatMat

输入列表: ['Cat', 'Mat', 'Ca', 'tM', 'at', 'C', 'Dog', 'og', 'Do']

输出数量: 3

参 考 文 献

[1] 王启明,罗从良.Python 3.6 零基础入门与实战[M].北京:清华大学出版社,2018.
[2] 吴灿铭,胡昭民.图解算法——使用 python[M].北京:清华大学出版社,2018.
[3] LintCode. https://www. lintcode. com/.
[4] LeetCode. https://leetcode. com/.
[5] 九章算法. https://www. jiuzhang. com/.
[6] Thomas H. Cormen,Charles E. Leiserson,Ronald L. Rivest,et al.算法导论[M].殷建平,徐云,王刚,
     等译.3 版.北京:机械工业出版社,2012.